ESSAI

SUR LA

FAUNE MALACOLOGIQUE

DU VAR

ESSAI

SUR LA

FAUNE MALACOLOGIQUE

DU

DÉPARTEMENT DU VAR

PAR

Paul BÉRENGUIER,

MEMBRE TITULAIRE DE LA SOCIÉTÉ D'ÉTUDES SCIENTIFIQUES ET ARCHÉOLOGIQUES
DE LA VILLE DE DRAGUIGNAN.

ESSAI

SUR LA

FAUNE MALACOLOGIQUE

DU VAR.

Ce travail n'est qu'un premier coup d'œil d'ensemble jeté sur la faune malacologique du département du Var, que de nouvelles recherches permettront de compléter dans la suite. Nous n'avons pas la prétention de donner ici le relevé complet des formes de notre région; nous voulons seulement ouvrir un champ aux recherches, qui, nous en sommes assuré, donneront d'heureux résultats.

Chargé par son auteur, M. Ferdinand Panescorse, de remanier l'ancien catalogue des mollusques du Var, et persuadé que le nouveau n'atteindrait pas le but proposé, il nous a paru plus intéressant de rechercher quelles formes vivaient dans les régions toutes naturelles que la composition du sol de notre département nous traçait; quelles formes, enfin, étaient spéciales à chacune de ces régions.

Si l'on étudie la carte de l'état-major, en ce qui concerne la topographie de l'ensemble de notre département, on remarque trois étages successifs, trois grandes ondulations de notre sol.

Du côté de la mer, la chaîne des Maures étend de l'Est à l'Ouest ses collines granitiques, dont le point culminant, la Sauvette, atteint 779 mètres d'altitude.

Au delà de cette chaîne, en se dirigeant vers le Nord, le sol s'abaisse, et le calcaire commence à paraître, en suivant à peu près la ligne du chemin de fer reliant Nice à Marseille ; puis insensiblement le terrain remonte, les coteaux deviennent collines qui s'accentuent de plus en plus , les sols cultivés se font plus rares ; les forêts apparaissent, entremêlées de landes ; c'est la montagne qui commence. Ici, l'altitude minima est de 500 mètres, tandis que vers le Nord-Est, presque à la limite du département, la cime de l'Achens s'élève à 1713 mètres.

Vers le Sud-Ouest du Var, un massif important fait exception à l'élévation progressive du sol dans le reste du département. Au dessus de Toulon, se dessinent les cimes de la Sainte-Baume, interrompant la région intermédiaire que nous avons fait pressentir tout à l'heure. Il ne faudrait point croire cependant que ce massif ne puisse présenter les mêmes régions que le reste de notre sol ; au contraire, c'est une réduction de l'ensemble du département, réduction où se retrouvent, parfaitement distincts, les trois étages dont nous parlions plus haut.

On peut donc facilement, en ayant égard à la composition géologique du sol, à ses productions et à sa température , diviser le département du Var en trois régions naturelles , comme il suit :

I. **Région Mauresque.** — Terrain primitif ; forêts agrégées surtout de pins et de chênes à liège ; sols cultivés, n'existant que dans les plaines formées par les alluvions de l'Argens, du Muy à Fréjus ; de la Môle et de la Giscle, entre Cogolin, Saint-Tropez et Sainte-Maxime ; du Gapeau, du Réal-Martin et de la Dardenne, entre Hyères et Toulon. Région humide et chaude.

II. **Région des coteaux**. — Terrain calcaire, presque entièrement livré à la culture ; peu de forêts. Région intermédiaire, participant de plus en plus à l'état de la région chaude et humide, à cause de l'accroissement de la déclivité du sol, du Nord au Sud.

III. **Région montagneuse**. — Terrain calcaire ; forêts et landes ; peu de cultures. Région froide, venteuse et sèche.

Tel est l'ordre dans lequel nous allons essayer d'étudier chacune de ces régions.

Quant au massif de la Sainte-Baume, nous renvoyons au chapitre qui lui sera spécial.

Avant d'aller plus loin, nous croyons utile de prévenir ceux qui pourront prendre intérêt à ce modeste travail, que nous signalerons seulement les formes qui nous sont connues dans le département ; nous contentant d'indiquer celles sur lesquelles nous aurions des doutes, sauf à revenir plus tard sur ces formes.

On remarquera que nous écrivons à dessein : *formes*, au lieu d'*espèces*. Peu nous importe en effet, en ce moment, qu'on leur applique le nom d'espèce ou de variété ; l'essentiel, à notre point de vue, est de signaler celles qui sont constantes et reconnues par les auteurs les plus compétents, laissant à de plus autorisés le soin de discuter sur la validité de leur appellation. Si l'on a tort de multiplier les espèces, il ne faut point pour cela tomber dans l'excès contraire, et pécher par la manie de réunir ce qui peut être séparé.

Qu'il nous soit permis de remercier ici, tout particulièrement, M. Bourguignat qui s'est mis, avec une bienveillance rare, à notre disposition pour examiner toutes nos formes litigieuses ou nouvelles ; MM. Arnould Locard, Georges Coutagne, Paul Fagot.

Merci aussi à ces infatigables chercheurs : MM. Ferdinand Panescorse, Charles et Joseph Azam, qui ont toujours été pour nous des guides aussi sûrs qu'agréables.

I.

RÉGION MAURESQUE.

Cette région comprend deux grands massifs :

Le plus important, qui lui a donné son nom, se compose de la chaîne des Maures, aux collines de Granite et de Gneiss, dont les pentes orientales vont mourir dans la vaste et fertile vallée de l'Argens, du Muy à Fréjus ; cette vallée sépare les Maures du second massif, celui de l'Estérel, qui présente surtout des roches volcaniques et schisteuses.

On a déjà vu que la limite de la région mauresque suit à peu près la ligne du chemin de fer, reliant Nice à Marseille ; il est nécessaire de préciser maintenant ses contours.

Au Sud, la mer la baigne sur toute son étendue, mais en remontant du Sud Sud-Ouest au Nord-Est, à partir de Saint-Nazaire jusqu'à la hauteur du Gapeau, le terrain primitif suit la voie ferrée (1), côtoie ensuite le Réal-Martin, arrive à Pignans, contourne la colline de Notre-Dame des Anges, puis revient encore suivre le chemin de fer jusqu'au Luc ; de ce point, il oblique vers l'Est, du côté de la Verrerie établie près de la route conduisant à

(1) Nous comprenons dans la région mauresque la partie correspondante du massif de la Sainte-Baume, c'est-à-dire la bande qui s'étend de Saint-Nazaire au Gapeau.

Cogolin, pour atteindre les bords de la rivière d'Aille qui lui sert quelque temps de ceinture, jusqu'en face de Vidauban, où la région mauresque franchit l'Aille, puis l'Argens, revient une troisième fois suivre la voie ferrée jusqu'auprès du Muy. De cette localité, en montant vers le Nord, les routes du Muy à Callas et de Draguignan à Grasse lui servent de limites, pour l'amener à la rivière du Riou-Blanc qui la conduit enfin aux limites du département.

Maintenant que l'on connaît l'étendue de la région mauresque, il est utile de la subdiviser, afin d'étudier les faunules particulières qu'elle présente ; mais quelques mots sur sa pente en long et en travers sont auparavant nécessaires (voir la pl. ci-contre).

Si l'on tire une ligne droite imaginaire du Nord au Sud, en travers de la partie la plus large de la région mauresque, soit en partant de Vidauban et aboutissant au cap Nègre, on remarque qu'après avoir donné en face de Vidauban, sur les bords de la rivière d'Aille, une altitude de 37 mètres, le sol remonte assez rapidement pour former la chaîne des Maures et qu'après diverses oscillations de 81 mètres à 295 mètres, il atteint 638 mètres d'altitude à la Roche-Blanche, près de Val-Verdun, pour redescendre graduellement jusqu'à la mer au cap Nègre (16 mètres d'altitude).

Le profil en travers de la région mauresque présente donc une suite de points culminants, situés dans l'axe de la chaîne, profilant ensuite leurs pentes vers le Nord et vers le Sud.

Si, d'un autre côté, on tire une seconde ligne droite imaginaire, recoupant la première dans une direction un peu oblique et dans le sens de la longueur de la région, c'est-à-dire d'Hyères vers

Auribeau (Alpes-Maritimes), on voit le sol, de 5 mètres d'altitude près d'Hyères, se relever peu à peu pour former la crête de la chaine des Maures et se maintenir entre 200 et 779 mètres, jusqu'aux bords de la rivière d'Argens près de Roquebrune, où viennent expirer les dernières pentes des Maures pour former la plaine de Fréjus. Après avoir traversé cette vallée, le sol se relève de nouveau sur les collines boisées de l'Estérel dont le point culminant, le mont Vinaigre, atteint 616 mètres d'altitude, puis s'abaisse une dernière fois vers les limites du Var.

En résumé, le profil en long de la région donne la direction de la chaine des Maures, son interruption à la vallée de l'Argens et la coupe du second massif de l'Estérel, dont les pentes regardent l'une la vallée de l'Argens, l'autre les Alpes-Maritimes.

Enfin à droite et à gauche de la chaine des Maures, se trouvent les plaines d'alluvions formées, au nord, par les rivières d'Aille et de l'Argens ; au sud, par le Gapeau, la Môle et la Giscle.

De là, trois subdivisions naturelles :

A. ZONE LITTORALE.

B. ZONE MONTAGNEUSE, couverte de forêts.

C. ZONE DES VALLÉES D'ALLUVIONS.

Chacune de ces subdivisions de la région mauresque possède une faunule propre, avec ses formes particulières et caractéristiques, ou des formes qui sont communes soit à chacune de ces trois subdivisions, ou seulement à deux d'entre elles.

A. ZONE LITTORALE.

Une bande étroite, sablonneuse et stérile, borde le littoral de notre département, abritant sous sa maigre végétation une multitude de mollusques, dont la plupart des formes lui sont spéciales.

A quelques pas de la mer, des soudes et des salicornes végètent dans les sables, extrême limite de la flore ; puis naissent quelques maigres touffes de buissons, un peu d'herbe, des pins rabougris, torturés par les vents et souvent par les flots qui, dans certains endroits, viennent balayer l'épais tapis de feuilles formé autour des troncs de ces malheureux arbres ; ajoutons un vrai soleil d'Afrique, échauffant sans relâche ces sables presque nus, et nous aurons le tableau de l'habitat préféré des mollusques dont nous allons nous occuper.

Prenons pour point de départ l'arène du rivage et avançons-nous vers l'intérieur.

Sur les soudes et les salicornes, des millions d'HELIX LAUTA émaillent la plage, surtout entre Saint-Raphaël et la pointe de Saint-Aigoux. Nous laissons à dessein de côté les nombreuses variétés de cette forme.

On les trouve attachées par groupe sur les plantes ; chaque branche porte une grappe véritable de ces fruits singuliers ; le sable en est littéralement couvert ; on ne peut faire un pas sans en écraser.

Là, nous avons vainement cherché l'Helix explanata, que l'ancien catalogue des mollusques du Var signalait sur cette plage ; toutes nos recherches sont restées infructueuses, au point que nous nous demandons si jamais cette forme a été recueillie sur la plage de Saint-Raphaël à Saint-Aigoux. Sur celle de Cette, où elle abonde, l'*H. explanata* vit sur les mêmes plantes, qui n'abritent ici que l'*H. lauta ;* nous en concluons que l'on avait dû confondre avec l'*H. explanata,* un jeune individu de l'*H. lauta* dont la coquille pendant le premier âge est fortement carénée et très aplatie, ou que l'*H. explanata,* sous une influence quelconque, a disparu de la plage qu'on lui donnait comme habitat. Nous devons cependant ajouter que cette forme est signalée dans le *Prodrome* de M. A. Locard, comme habitant le Var, *mais sans station précise ;* de plus, on signale cette forme dans les Alpes-Maritimes et dans les Bouches-du-Rhône (1).

Au pied des pins, dans les herbes et au milieu des feuilles de pins, nous trouvons :

Helix trochoïdes.

H. conoidea, en petit nombre.

H. barbara.

II. acuta, en petit nombre.

---

(1) Nous écrivîmes à l'auteur du *Prodrome des mollusques français* pour élucider cette question. Voici quelle fut sa réponse : « Mes Helix Explanata ont été recueillies il y a dix ans entre la Ciotat et Toulon, mais bien dans le Var...! Il est fort possible que la colonie ait disparu, j'ai vu bien souvent de tels faits, vous pouvez hardiment affirmer que l'Helix Explanata a vécu dans le Var ; j'en ai une soixantaine d'échantillons de cette région ». Tout ceci ne prouve pas que cette forme ait été trouvée sur le littoral de Saint-Raphaël à Sainte-Maxime.

Deux variétés pour chacune des trois dernières formes : l'une, presque albine ou très faiblement colorée, vit plus avancée dans les sables ; l'autre, à bandes franches et bien marquées, se trouve sous les pins et les herbes, surtout aux environs des étangs de Villepey.

Entre Sainte-Maxime et Cogolin (golfe de Saint-Tropez) toutes les formes précédentes deviennent rares (nous devrions dire disparaissent), pour être remplacées par l'H. LINEATA, bien rare aussi et qui ne se trouve avec un peu d'abondance qu'auprès des anciens fours à chaux abandonnés sur la route littorale de Sainte-Maxime à Cogolin ; en cet endroit la végétation est un peu plus robuste, aussi cette forme vit-elle dans d'autres conditions ; l'herbe est un peu moins rare, quelques larges pierres lui offrent un asile plus assuré ; cette forme, bien typique en cet endroit, vit avec l'H. VERMICULATA, très-abondante sous les pierres dont nous parlions.

Enfin, à la limite de la zone littorale, se rencontrent, de loin en loin, quelques H. CONSPURCATA, sous les pierres et les pièces de bois mort rejetés par les gros temps, bien avant sur la plage, particulièrement près de Villepey et sur la route littorale de Cogolin ; encore les individus sont-ils de très-petite taille et chétifs.

Il nous reste encore à parler des habitants des eaux saumâtres et des embouchures de quelques cours d'eau.

Nous trouvons d'abord, entre Saint-Raphaël et la pointe de Saint-Aigoux, les embouchures de la Garonne de Saint-Raphaël, du Béal de Fréjus et de l'Argens, enfin les étangs de Villepey, sans parler de quelques ruisseaux qui ne nous ont offert rien de particulier.

Dans la *Garonne de Saint-Raphaël*, à 20 mètres de la mer, nous avons récolté, il y a déjà quelques années, un assez grand nombre d'AMNICOLA ANATINA. Cette forme parait avoir disparu depuis que l'on a dévié l'embouchure de la Garonne, ou du moins nous ne l'avons plus retrouvée dans cette station.

Dans le *Béal de Fréjus*, à l'embouchure même, quelques rares AMNICOLA COMPACTA et ANATINA et un seul individu de l'UNIO ORTHELLUS.

Nous renvoyons, pour la diagnose de cette forme nouvelle et de celles de toutes les autres, au chapitre qui leur sera consacré et au tableau méthodique de toutes les formes signalées dans le Var.

A l'embouchure de l'Argens :

AMNICOLA ANATINA, rare.

UNIO ORTHELLUS.

U. BERENGUIERI, tous deux rares et à une assez grande profondeur.

Etangs de Villepey. — Ces étangs, d'une assez grande étendue, ne communiquent point directement avec la mer; par les vents de l'Est, alors que les flots sont violemment soulevés, la barrière de sable qui sépare les étangs de la rive est franchie et la mer y fait irruption. En temps ordinaire, les infiltrations de la mer et de l'Argens suffisent; mais, dans la saison des pluies, l'Argens en débordant alimente aussi les étangs. Il en résulte que les eaux sont plus salées dans la partie voisine de la mer et qu'à la queue des étangs où se déversent quelques garonnes, l'eau est un peu moins saumâtre.

Nous avons trouvé dans ces étangs les PALUDESTRINES suivantes :

P. ACUTA, assez abondante.

P. ACICULINA, aussi abondante.

P. SOLUTA, très-rare.

P. PANESCORSI, peu commune.

P. GRACILLIMA, très-rare.

P. FAGOTIANA, assez abondante, signalée seulement jusqu'à ce jour dans les marais de l'île de Corse, à Bastia, Bignylia et Ajaccio.

P. AZAMI, rare.

Ces mollusques, du côté du poste de Saint-Aigoux, sont excessivement nombreux, on peut dire sans crainte d'exagération, qu'ils pavent le sable des rives des étangs. Nous les récoltions en compagnie de MM. Ferdinand Panescorse et Charles Azam (deux zélés chercheurs), au moyen d'un tamis, dont le fond en toile métallique fine pouvait avoir vingt centimètres de diamètre. Chaque fois que nous plongions notre instrument dans la foule innombrable des Paludestrines, il en ressortait chargé d'une couche de mollusques atteignant au moins deux ou trois centimètres d'épaisseur ; on peut juger par là de leur abondance.

N'oublions pas de mentionner sur toute la côte, mais assez rares, la TRUNCATELLA TRUNCATULA et la T. LÆVIGATA sous les algues humides.

Sur les bords des étangs, sur les troncs morts, parmi les détritus humides, M. Charles Azam nous fait récolter l'ALEXIA MYOSOTIS. Signalons pour mémoire les variétés à double et triple péristome. Enfin, sur les joncs, nous trouvons la SUCCINEA ELEGANS abondante.

Vers le milieu de la courbe du golfe de Saint-Tropez, les rivières de la Môle et de la Giscle ont formé un étang communiquant directement avec la mer, et qui a reçu le nom de *Foux de Cogolin*. Malgré toutes nos recherches, nous n'avons pu trouver que quelques Succinea elegans; mais aucune Paludestrine, aucune Nayade, comme on nous l'avait annoncé; nous avons éprouvé le même désappointement aux étangs de Villepey, où l'on nous signalait des Mulettes, particulièrement au lieu dit des Escamandres.

Enfin on signale la Paludestrina Macei à Hyères, Alexia Micheli sous les pierres et les rochers au bord de mer aux environs de Toulon.

C'est par erreur que la Bythinia Sebethina est indiquée dans le *Prodrome des mollusques français*, comme habitant les étangs de Villepey.

B. ZONE FORESTIÈRE.

Nous arrivons à la zone la plus caractéristique de la région mauresque. Ici, rien que du Gneiss, du Granite, des Schistes et peu de terre végétale; pas de terres cultivées, à l'exception de quelques îlots défrichés par les habitants des campagnes perdues au milieu des forêts mauresques.

Des pins maritimes, des chênes à liège, des chênes blancs, des chênes verts, des aulnes, des arbousiers, des myrthes, des bruyères, des genêts épineux, des ronces, des cistes, des fougeres, un peu d'herbe sur les pentes humides des vallons , donnent asile aux mollusques que nous allons passer en revue :

Le genre HYALINIA est représenté par les formes suivantes :

H. STŒCHADICA, près d'Hyères.

H. LUCIDA , çà et là dans les prés , autour des lieux habités et dans quelques ruines ; cette forme doit avoir été apportée à plusieurs reprises et s'être acclimatée , car elle ne se retrouve pas en pleine forêt.

H. CRYSTALLINA , à la source de Clastre, domaine du Clos-Oswald, commune de Roquebrune, où elle vit en compagnie de :

H. DIAPHANA.

CONULUS CALLOPISTICUS.

HELIX ROTUNDATA.

H. ACULEATA.

PUPILLA MUSCORUM.

Voici quelques renseignements sur cette station intéressante :

La source de Clastre est située sur les bords d'un petit pré en pleine forêt ; ses eaux sont reçues dans un premier bassin voûté et fermé par une porte en tôle ; tout autour, un fouillis de ronces marie sa luxuriante végétation à des vignes sauvages et à des fougères de grande taille.

L'HYALINIA CRYSTALLINA et la DIAPHANA y sont très-rares et se trouvent, soit à l'intérieur du bassin et de sa porte , soit autour de la source, dans un rayon de 10 mètres au plus.

Le CONULUS CALLOPISTICUS y est aussi très-rare ; nous ne l'avons encore trouvé que rampant sur les parois intérieures du bassin et deux ou trois individus seulement dans la mousse qui tapisse les murs extérieurs.

L'Helix rotundata est assez abondante intérieurement et sous les pierres, dans les ronces.

L'Helix aculeata, excessivement rare dans l'intérieur du bassin, surtout sur la porte de tôle; deux individus seulement ont été trouvés sous les pierres et la mousse; c'est encore la seule station à nous connue de cette Hélice, qui n'était pas signalée dans le département.

Pupilla muscorum abonde sous les pierres et dans l'intérieur du bassin.

Pour n'avoir plus à revenir sur cette station, signalons encore:

Helix aperta, dans le pré de Clastre.

H. nemoralis, assez rare, dans les buissons.

H. aspersa, de forme conique.

Carychium tridentatum, excessivement rare; nous n'en avons trouvé qu'un seul individu par un jour de forte pluie, sous un fragment de tuyau de poterie dans les ronces.

Le genre Helix compte dans la zone forestière les formes suivantes :

Helix aperta.

H. aspersa, avec la précédente, dans les prés; ces deux formes sont assez communes. On trouve une variété *minor* de l'H. aspersa, sur la roche de Roquebrune.

H. nemoralis, dans les endroits frais, autour des rares cultures (1), en compagnie de :

---

(1) Cette forme dans toute la région mauresque est toujours plus petite et plus conoïde que le type; elle ressemble beaucoup à l'Helix subaustriaca, sans cependant présenter tous ses caractères.

H. Adolfi, confondue jusqu'à présent avec l'Helix Terveri, dont le type vit à Saint-Mandrier, sur la montagne, derrière le jardin de l'hôpital.

H. pulchella.

H. costata, toutes deux très-rares dans l'herbe et sous les pierres.

H. episema.

H. d'Anconæ, avec la précédente, sous les pierres et les herbes, au domaine du Clos-Oswald, autour des cultures; au quartier du vieux Revest, dans les ruines de l'Eglise vieille, commune de Sainte-Maxime, avec l'H. Adolfi et quelques rares H. nemoralis et H. lapicida.

Helix limara.

H. Cyzicensis, dans les jardins du Clos-Oswald, commune de Roquebrune, ces deux formes, transportées probablement avec des plantes, se sont acclimatées.

Il nous reste à parler des formes essentiellement forestières du genre Helix, qui ne craignent pas de s'enfoncer en pleine forêt ce sont :

Helix lapicida, assez commune sous les pierres.

H. rotundata, plus rare et recherchant les endrois très-frais. Enfin une nouvelle forme qui, jusqu'à présent, semble spéciale à la zone forestière de la région mauresque, l'Helix suberina, qui vit sous les pierres amoncelées, au milieu des feuilles de chênes à liège qui se sont glissées dans les interstices. Elle apparait depuis la lisière des forêts et a l'air de fuir les lieux cultivés; elle se plait sur la crête des collines boisées aux endroits bien exposés au soleil; elle est cependant nocturne; nous avons découvert cette forme dans le domaine du Clos-Oswald, commune de Roquebrune, dans les quartiers de la Réserve, des Léonards, de la Rigaude et de l'Assassin; enfin, sur le sommet de Saint-Martin (521 mètres d'altitude). Nous l'avons retrouvée au vieux Revest, à l'endroit dit « l'aire des masques » (400 mètres d'altitude), commune de Sainte-Maxime. Un de nos amis, M. Félix Ancey, a récolté aussi un individu de cette forme aux environs d'Hyères. Nul doute que l'HELIX SUBERINA ne soit répandue dans toute la chaîne des Maures, quoiqu'elle y soit très-rare.

Signalons aussi, mais avec doute, l'HELIX GALLICA sur les limites du département, en face d'Auribeau (Alpes-Maritimes).

Les quelques genres suivants comptent peu de formes :

BULIMUS OBSCURUS, très-rare, nous ne le connaissons encore que dans les ruines de l'Église vieille, quartier du vieux Revest, (500 mètres d'altitude).

CHONDRUS TRIDENS, signalé dans l'île de Porquerolles.

AZECA BOISSYI, à Saint-Mandrier, derrière le jardin de l'hôpital.

BALIA PERVERSA, sur les chênes verts de l'Église vieille (vieux Revest) et sur le mont de Peygros (500 mètres d'altitude).

Cette forme aurait-elle disparu ? Malgré de nombreuses et minutieuses recherches, nous avons pu en trouver un seul individu. Nous avons vu cependant ceux que M. Ferdinand Panescorse avait récoltés dans ces deux stations il y a quelques années.

PUPA SECALE, à Hyères, rare.

PUPILLA MUSCORUM, forme très-commune dans les forêts, sous les pierres, surtout dans les endroits très-frais.

Isthmia muscorum, très-rare ; nous n'avons pu trouver qu'un seul individu sous les pierres près de l'Église vieille (vieux Revest). Cette forme n'était pas encore signalée dans le département.

Carychium tridentatum, très-rare. Nous l'avons déjà signalé dans le pré de Clastre, il habite aussi les pentes orientales de l'Estérel.

Le genre Limnæa, n'est représenté que par deux formes : Limnæa peregra, variété *Alpestris*, confondue sans doute jusqu'à présent avec la Limnæa marginata dont nous n'avons pu trouver un seul individu. Le type de la Limnæa Alpestris a été recueilli par nous au fond d'une fente de rocher, à près de 3 mètres de profondeur, dans une source du domaine du Clos-Oswald. Cette forme habite tous les vallons de la chaîne des Maures.

Le genre Ancylus compte trois formes :

Ancylus capuloides, dont nous avions trouvé la forme typique dans un bassin du Clos-Oswald, il y a une huitaine d'années ; cette forme a disparu de cette station.

A. simplex.

A. costulatulus ; ces deux formes sont assez répandues dans tous les vallons.

Enfin on signale le Pomatias Macei au Cap Brun.

Il nous reste un mot à dire sur les environs de Bagnols explorés par notre ami Joseph Azam. Cette localité perdue au milieu des forêts du massif de l'Estérel nous a présenté des particularités telles que nous avons préféré donner, à la fin du relevé de la zone forestière, la liste de ses formes.

Arrosé par la Vauloube, entouré de forêts, Bagnols pourrait être placé tout à la fois dans la zone forestière et dans la zone des vallées. Grâce à un lambeau calcaire, quelques formes de la région des côteaux y font invasion.

Voici celles qui ont été observées aux environs de Bagnols :

SUCCINEA ELEGANS, dans le vallon de Vauloube et dans celui de Saint-Denis.

HYALINIA LUCIDA, commune sous les pierres.

H. CRYSTALLINA.

H. DIAPHANA, Vallon de Vauloube au-dessus de Gourbachin.

ZONITES ALGIRUS, au Clos et à la Rouvière sous les tas de pierres.

LEUCOCHROA CANDIDISSIMA, forme assez commune.

HELIX ROTUNDATA, Bagnols, dans le jardin de notre ami Joseph Azam, sous les herbes, contre un talus.

H. LAPICIDA, avec le ZONITES ALGIRUS, dans les murs.

H. PULCHELLA.

H. COSTATA, dans le vallon de Vauloube, parmi les détritus, au-dessus de Gourbachin.

H. NEMORALIS, taille ordinaire, épiderme jaune; les individus à coquille rose plus rares; dans les forêts de pins, principalement en face de Vauloube.

H. ASPERSA, assez commune; on trouve une variété *minor* vivant avec la colonie de l'HELIX ROTUNDATA. Diam. 26 mill., haut. 15 mill.

H. APERTA, Vauloube et le Pavadou.

H. RUPESTRIS, Vauloube au-dessus de Gourbachin.

H. CARTHUSIANA, Vauloube.

H. CARTHUSIANELLA, très-commune dans les prés.

H. NOV. SP., voisine de l'HELIX SUBERINA. Malheureusement

notre ami Joseph Azam n'en a trouvé qu'un seul individu sur lequel on ne peut asseoir une forme nouvelle.

H. VALCOURTIANA, au pied des mûriers, à Bauemonts, avec :

H. CONSPURCATA.

H. CYZICENSIS, sous le noyer de la Ferrage.

H. CESPITUM, commune partout.

H. APICINA, commune.

H. ACUTA, à côté du vallon de Saint-Denis.

RUMINA DECOLLATA, Vauloube, dans les murs.

CLAUSILIA ISSELI, Vauloube, au-dessus de Gourbachin, sous les feuilles, sur le bord du vallon.

PUPA QUINQUEDENTATA, commun partout.

P. GRANUM, Vauloube, au-dessus de Gourbachin, avec .

CARYCHIUM TRIDENTATUM.

CÆCILIANELLA AGLENA.

ANCYLUS CAPULOIDES, vallon de Saint-Denis.

LIMNÆA PEREGRA, bassin de Vauloube.

L. MINUTA, vallon de Saint-Denis.

CYCLOSTOMA LUTETIANUM, très-commun.

PISIDIUM NITIDUM, vallon de Saint-Denis.

P. PULCHELLUM, avec le précédent.

C. ZONE DES VALLÉES D'ALLUVIONS.

Autant les deux zones précédentes étaient pauvres, autant celle-ci nourrit de nombreux mollusques dans ses vastes et fertiles plaines, arrosées par des cours d'eau assez importants et par de nombreuses garonnes.

Le long des eaux courantes, des fossés d'irrigation, vit la SUCCINEA ELEGANS, notamment à Roquebrune, au Puget de Fréjus, à Fréjus, Cogolin, Hyères.

La SUCCINEA PFEIFFERI est signalée à Toulon dans les prés.

Le genre HYALINIA, est représenté par les formes suivantes :

H. PSEUDOHYDATINA, récoltée dans les alluvions du Gapeau.

H. NOCTUALUNDA, avec la précédente.

L'ancien catalogue signale l'H. CRYSTALLINA à Toulon, nous la retrouvons en compagnie de l'H. DIAPHANA çà et là, mais rare dans les prés.

H. LUCIDA, dans les prés et sur les talus humides.

Le CONULUS CALLOPISTICUS, a été trouvé dans les alluvions du Gapeau en compagnie du C. MORTONI.

Dans le genre HELIX, nous remarquons :

H. KORÆGÆLIA, à Hyères.

H. APERTA, commune dans les prés et les vignes, elle présente trois variétés bien distinctes par leur coloration :

Var. *jaune verdâtre*, vallée de l'Argens et de la Giscle.

Var. *verte pellucide*, plus rare à la limite des sables et de la zone forestière.

Var. *zonata*, un seul individu trouvé à Roquebrune; large bande d'un blanc pur sur le dernier tour.

H. ASPERSA, forme assez commune, surtout dans les parties cultivées.

H. VERMICULATA, très-répandue depuis la limite des sables jusqu'à la zone forestière.

H. SPLENDIDA , Roquebrune, peu commune : on en trouve une belle variété blanche à bandes transparentes.

H. NEMORALIS, plus conique et plus petite que le type, aux Mayons-du-Luc, à Saint-Raphaël, Roquebrune et dans la vallée de la Giscle (1).

H. CEMENELEA , assez répandue.

H. D'ANCONÆ, peu commune, dans les haies vives au bord des prés.

H. CARTHUSIANA , très-commune avec l'H. CARTHUSIANELLA ; on trouve une variété *minor*.

H. EPISEMA, Roquebrune, Fréjus, très-rare.

H. RUFILABRIS, peu commune, Roquebrune, Fréjus.

H. ARENIVAGA, signalée à Hyères sur les bords du Gapeau.

H. ADOLFI, peu répandue dans la plaine ; sur la colline de Notre-Dame, à Saint-Raphaël.

H. PYRAMIDATA , très-rare, un peu abondante seulement au Puget-de Fréjus.

H. CONSPURCATA , assez commune à Saint-Raphaël , Fréjus , Roquebrune et Saint-Tropez.

H. PSAROPSIS, signalée aux environs d'Hyères.

H. APICINA , vallée de l'Argens, Roquebrune, Fréjus, Saint-Raphaël, vallée de la Giscle.

H. MARSIANA, signalée aux environs d'Hyères.

H. LIEURANENSIS , Hyères, Roquebrune, Fréjus. On trouve aussi une variété *minor*.

(1) C'est une variété qui semble spéciale à toute la région mauresque, surtout dans le voisinage de la zone forestière où nous la retrouvons (voir p. 19, note 1).

H. GIGAXI, forme bien répandue dans les vallées.

H. ACOSMIA, signalée à Hyères.

H. VALCOURTIANA, peu commune, Roquebrune, Hyères.

H. MAURIANA, Roquebrune.

H. RUGOSIUSCULA, plaines de Fréjus, de Roquebrune et de Cogolin.

H. XERA, signalée à Hyères.

H. LIMARA, commune dans toutes les plaines, on trouve aussi une variété *minor*; vit avec :

H. ARTONILLA, abondante.

H. KERIZONSIS, plus rare, se trouvant de préférence sur les talus.

H. XALONICA, assez abondante.

H. CYZICENSIS; il existe aussi une variété *minor*. Ces cinq formes ont été trouvées par nous dans la plaine de Fréjus à Roquebrune.

H. BLASI, assez commune, Fréjus et Roquebrune.

H. FŒDATA, assez rare, Roquebrune; on trouve une variété *minor*.

H. CATOCYPHIA, nous avons été assez heureux pour récolter cette forme sur le talus de la gare de Roquebrune; deux individus seulement ont été trouvés, dont un bien typique.

H. TROCHOIDES, lieux stériles et sablonneux, environs de Fréjus.

H. CONOIDEA, route de Fréjus à Saint-Raphaël, à la limite de la zone littorale.

H. BARBARA.

H. ACUTA, ces deux formes vivent ensemble et sont très répandues.

Signalons aussi une forme voisine de l'*H. fœdata* , dont nous n'avons encore pu récolter qu'un seul individu sur le talus de la gare de Roquebrune. Cette coquille porte une dent bien prononcée sur le bourrelet péristomal. Cette dent affecte la forme d'un assez gros tubercule arrondi, d'un millimètre environ de hauteur. Est-une anomalie ? — De plus amples recherches pourront trancher la question.

Dans les genres suivants, on trouve :

RUMINA DECOLLATA , très-répandue.

FERUSSACIA SUBCYLINDRICA , rare à Roquebrune, sous la chapelle Saint-Joseph et vivant çà et là dans les plaines.

F. VESCOI, à Toulon, surtout sur les pentes bien exposées.

CÆCILIANELLA AGLENA ; un seul individu trouvé dans les alluvions du canal des moulins à Roquebrune. Cette forme a été probablement confondue dans l'ancien catalogue avec la *C. acicula*, que nous n'avons pas rencontrée dans le département.

CLAUSILIA VIRGATA, signalée à Toulon et à Porquerolles.

CL. ARCŒENSIS, à Hyères.

CL. LAMINATA, signalée à Toulon par l'ancien catalogue.

PUPA QUINQUEDENTA, très-abondante à Fréjus et surtout à Bormes où l'on trouve une jolie variété *minor* ; à Hyères la variété *turriculata*, très-haute.

P. AMICTA, à Saint-Mandrier.

P. SECALE, à Hyères.

PUPILLA UMBILICATA, à Toulon.

P. MUSCORUM, surtout à la limite de la zone forestière.

CARYCHIUM TRIDENTATUM, dans les alluvions du Gapeau.

PLANORBIS FONTANUS, au Puget-de-Fréjus et à Fréjus, dans le Béal jusqu'à Saint-Raphaël.

P. ROTUNDATUS, entre Saint-Raphaël et Fréjus.

P. IMBRICATUS, Puget-de-Fréjus, Roquebrune, Fréjus.

P. CROSSEANUS, dans la plaine de Fréjus, près des arènes.

PHYSA FONTINALIS, variété *minor*, dans le Béal de Fréjus et dans le canal des moulins de Roquebrune.

P. ACUTA, le type à Fréjus, entre le pont de la route de Bagnols et les arènes; la variété *minor*, dans le béal de Fréjus au Puget-de-Fréjus, dans le canal des moulins à Roquebrune et dans l'Argens.

P. HYPNORUM, Roquebrune, très-rare; Puget-de-Fréjus, abondante près du pont de M. Augier; à Hyères; enfin à Fréjus, le type et la variété *cornea*, sur la route de Lestel.

L'AMPHIPEPLEA GLUTINOSA, signalée par l'ancien catalogue à Fréjus, n'a pas été retrouvée; il doit y avoir eu erreur de détermination.

LIMNÆA LIMOSA, Sainte-Maxime, béal de Fréjus, canal des moulins de Roquebrune, Argens, Aille.

L. PEREGRA, le type dans Precouniou, près de Sainte Maxime.

L. LACUNOSA, à Fréjus et à Hyères.

L. CONTORTA, belle forme qui n'était pas encore signalée en France; à Fréjus, dans le fossé de droite, sur la route de Lestel.

L. TRUNCATULA, béal de Fréjus, canal des moulins de Roquebrune, plaine de Fréjus, peu commune.

ANCYLUS SIMPLEX, assez rare çà et là, Aille, Argens.

A. CAPULOIDES, Mayons-du Luc, Argens près du Muy.

A. COSTULATUS, au Fenouillet, près d'Hyères.

A. MOQUINIANUS, assez répandu entre la route de Bagnols et le pont de l'Assassin près Fréjus, Argens, Aille.

CYCLOSTOMA SULCATUM, Toulon, rare.

C. LUTETIANUM, très-abondant partout.

BYTHINIA TENTACULATA, dans le béal de Roquebrune à Fréjus et le canal des moulins de Roquebrune.

B. SEBETUINA, avec la précédente.

AMNICOLA COMPACTA.

A. ANATINA, béal de Fréjus à Saint-Raphaël, au Puget et à Roquebrune.

VALVATA SPIRORBIS, au Puget-de-Fréjus, très-rare.

V. ALPESTRIS, Roquebrune, Argens, Aille.

SPHÆRIUM CORNEUM, Argens, canal des moulins, excessivement rare.

S. LACUSTRE, près de la chapelle de Saint-Joseph à Roquebrune, pont de M. Augier au Puget-de-Fréjus; autrefois dans l'étang de Capitou, aujourd'hui comblé.

PISIDIUM NITIDUM, canal des moulins à Roquebrune, béal de Fréjus au Puget; Fréjus, route de Lestel.

P. CAZERTANUM, indiqué à Toulon.

P. PULCHELLUM, canal des moulins à Roquebrune et au Puget-de-Fréjus, près du pont de M. Augier.

P. OLIVETORUM, forme nouvelle que nous avons découverte avec la précédente.

Pour les UNIONIDÆ, nous sommes obligés de faire table rase des déterminations de l'ancien catalogue toutes entachées d'erreurs.

ANODONTA GALLICA; nous avons recueilli cette forme en compagnie de M. Ferdinand Panescorse, entre la route de Bagnols et le pont de l'Assassin près Fréjus. L'A. GALLICA, se retrouve aussi dans le vieil Argens à Lestel. On l'avait confondue avec l'A. CYGNÆA qui appartient à un tout autre groupe. Nous possédons un vieil individu mesurant 20 centimètres de long. Notre ami Joseph Azam a trouvé des perles assez nombreuses et assez fortes dans quelques individus.

A. OBLONGA, variété *minor*, dans la grande Garonne de Fréjus indiquée aussi à Lestel, près Fréjus, sous le nom erroné d'*A. piscinelis*.

UNIO SAINT SIMONIANUS ; nous avons récolté quelques individus de cette forme dans la Giscle, en face du hameau de Saint-Pol ; les échantillons de cette localité sont petits. Nous avons enfin retrouvé cette forme, sur les indications de M. F. Panescorse, dans la grande Garonne de Fréjus. On a dû la confondre avec l'*U. Requieni* que nous n'avons jamais rencontrée.

U. BERENGUIERI, forme nouvelle que nous avons découverte dans le canal des moulins à Roquebrune ; elle se retrouve dans le béal du Puget à Fréjus ; Argens, Aille, Riotord et tous les ruisseaux un peu importants qui se jettent dans l'Argens ; cette forme est assez rare.

U. ORTHELLUS, forme nouvelle habitant les mêmes localités que la précédente ; ces deux formes avaient été confondues avec l'*U. Turtoni*.

U. FOROJULIENSIS, forme nouvelle, confondue avec l'*U. pictorum*, dont elle diffère essentiellement. Excessivement rare, entre la route de Bagnols et le pont de l'Assassin près de Fréjus. Les vieux individus atteignent jusqu'à 13 centimètres de long.

Tel est le relevé des formes à nous connues ou qui ont été signalées dans les vallées d'alluvions de la région mauresque.

II.

RÉGION DES COTEAUX.

Nous voici arrivé à la région intermédiaire que nous appellerons la région des coteaux.

Ici les éléments calcaires dominent; les terres, presque toutes livrées à la culture, enserrent des ilots boisés; la température de la région est assez variable en ces divers points, car elle participe de plus en plus à l'état de la région chaude et humide des Maures à cause de l'accroissement de la déclivité du sol, du Nord au Sud.

Au Sud, la région des côteaux vient se marier à la région mauresque, sur les bords de ses vallées d'alluvions; les routes du Muy à Callas et de Draguignan à Grasse, la séparent du massif schisteux de l'Estérel; enfin, au Nord, nous prendrons pour base de limite, l'altitude de 500 mètres au-dessus du niveau de la mer; ce qui nous donne une ligne brisée, passant un peu au-dessous de Vinon, descendant sur Saint-Julien et la Verdière, obliquant au-dessus de Tavernes pour passer à Fox-Amphoux se diriger vers Aups et de là redescendre sur Tourtour, passer au Malmont de Draguignan, au-dessus de Callas, entre Claviers et Bargemon, enfin de là traverser Seillans pour aboutir aux limites du département, bien au-dessous de Mons.

Il serait difficile de subdiviser la région de coteaux en zones secondaires, nettement tranchées, comme nous l'avons fait pour la région mauresque ; dans celle-ci, trois étages successifs et bien distincts, par la composition du sol, la végétation et l'altitude, nous rendaient la tache facile ; dans la région qui nous occupe et pour garder, autant que possible, des subdivisions naturelles, nous ne distinguerons que deux zones : la zone littorale et la zone des coteaux proprements dits.

Dans cette dernière, nous ferons cependant remarquer avec soin les formes habitant les parties boisées qui, n'étant pas assez reliées entre elles, ne nous permettent pas de former une zone forestière continue.

Comme nous l'avons déjà fait pour la région mauresque, nous comprendrons dans celle des coteaux, la partie du massif de la Sainte-Baume qui y correspond.

A. ZONE LITTORALE.

La zone littorale de la région des coteaux s'étend depuis les limites Sud-Ouest du département et suit une ligne à peu près parallèle à la voie ferrée, reliant Nice à Marseille, jusqu'à la hauteur de Saint-Nazaire.

Sur toute la bande arénacée formant cette zone, pullulent de nombreux mollusques dont la presque totalité appartient au genre HELIX.

Helix trepidula, à Saint-Nazaire, s'avance jusqu'à la limite de la zone.

H. introducta, à Saint-Nazaire, avec la précédente.

H. arenarum.

H. apicina, s'avance aussi parfois sur les sables.

H. pyramidata, signalée surtout à Bandol.

H. lieuranensis, assez rare, s'avance quelquefois sur les limites de la zone.

H. frayssiana, signalée à Toulon.

H. limara, depuis Toulon jusqu'à Saint-Nazaire.

H. lauta, assez abondante.

H. lineata, très-abondante.

H. explanata, assez abondante.

H. scitula, très-abondante.

H. trochilus, avec la précédente.

Enfin, avec abondance :

H. terrestris.

H. trochoides.

H. conoidea.

H. barbara.

H. acuta.

Les dix dernières formes surtout sont spéciales à la zone.

Enfin, sous les algues :

Truncatella truncatula.

T. lævigata, assez rares toutes les deux.

B. ZONE DES COTEAUX

PROPREMENTS DITS.

De frais et riches versants livrés à la culture, interrompus çà et là par des massifs boisés, nourrissent de bien nombreuses formes que nous allons essayer de passer en revue :

Succinea elegans, excessivement répandue surtout à la Foux de Draguignan et à Valauris. Signalons pour mémoire, une forme de la Foux de Draguignan, dont nous n'avons pu capturer que quelques individus, et sur la validité de laquelle nous ne sommes pas encore fixé (1).

Zonites algirus, très-abondant dans toute la zone ; nous possédons d'énormes individus pris à Saint-Cyr.

Hyalinia lucida, très-répandue dans les prairies et les lieux humides.

H. nitidula, assez rare, environs de Draguignan, sur les bords des parties boisées, Tour du Ruoux à Salernes.

H. nitida, signalée à Toulon.

H. crystallina, Toulon, Draguignan, dans les lieux humides, les prés et les bois ; Valauris.

Leucochroa candidissima, abondante, surtout sur la route de Draguignan à Grasse, au-dessus de Bandol, au Cannet du Luc.

(1) Nous avons depuis retrouvé cette forme dans les fossés de Valauris.

Helix aspersa, excessivement commune; on trouve une variété *minor* au Luc.

H. melanostoma, Brignoles, Toulon et Saint-Cyr, où vit une variété *minor*.

H. vermiculata, commune.

H. Magnetti, signalée près de Toulon ? à Saint-Cyr sur le pied des oliviers, à Bandol et à la Cadière.

H. niciensis; cette forme est cantonnée dans le Nord-Est du département, surtout dans la région de la montagne; elle descend dans celle des coteaux, entre Seillans, Claviers, Fayence et Callian; encore présente-elle des différences sensibles suivant les stations. Ainsi, entre Claviers et Seillans, elle est petite, la bouche est pâle, les bandes sont fortes et bien teintées; on la trouve sur les oliviers.

H. splendida, assez commune à Draguignan, à Cuers, à Callas, au Luc; on trouve aux environs de Draguignan, une magnifique variété dont les trois premières bandes sont soudées.

H. nemoralis, Draguignan, Le Luc et Callas, avec la précédente aux environs des parties boisées.

H. cemenelea, commune dans les champs, Draguignan, le Cannet du Luc, Rians.

H. d'Anconæ, route de Tourrettes à Vence, Draguignan, le Luc, près du vieux château; cette forme est bien répandue, sans pour cela être commune.

H. cotinophila, dans les bois des gorges d'Ollioules.

H. Telonensis, signalée aux environs de Toulon ? (non sur les montagnes du massif de la Sainte-Baume), entrée des gorges d'Ollioules, le Luc; cette forme remonte jusqu'à Rians et vit dans les parties boisées.

H. Moutoni, aux environs de Draguignan, sous les pins , au bosquet du *Pous de l'Eouvé*, propriété Jean Doublier (Teste , Bourguignat).

H. diœga ; nous devons à l'extrême obligeance de M. F. Panescorse deux individus qui auraient été capturés dans le bosquet de saint-Hermentaire, près de Draguignan.

H. limbata, signalée près de Toulon ?

H. ciliata, dans le bois de saint-Hermentaire et à Rians.

H. carthusiana, partout dans les terres cultivées.

H. carthusianella, assez commune, surtout à Draguignan , au Luc et à Rians.

H. glabella, signalée à Flayosc, Toulon et Draguignan ; il doit y avoir eu erreur de détermination.

H. episema, assez répandue mais peu commune ; environs de Draguignan, du Luc, à la Tour de Ruoux , près de Salernes ; forme vivant sur les confins des parties boisées.

H. rufilabris, environs de Draguignan et à la Tour de Ruoux, près de Salernes ; en partie forestière.

H. hispida, le Luc, Toulon, Draguignan ; forestière.

H. ruderata , aurait été trouvée à Rians par M. Henri , ancien juge de paix au Luc.

H. rotundata , Fayence, Draguignan ; forestière.

H. rupestris, près du pont de Lorgues à Draguignan, au Luc.

H. obvoluta, environs de Toulon, de Draguignan, de Brignoles et de Vidauban ; forestière.

H. Rangi, Ollioules, dans les murs de pierres sèches , bien exposés au soleil, très-rare.

H. constricta , sous les pierres, dans les murs à Ollioules ; très-rare.

H. LENTICULATA, à Ollioules, dans les mêmes conditions que les deux formes précédentes; moins rare.

H. LAPICIDA, dans les endroits escarpés, au Cannet-du-Luc, au Luc, sous Fox-Amphoux, à Cuers; on trouve une variété *albinos* à Draguignan; très-rare.

H. GALLICA, sur les confins de la zone mauresque et de celle des coteaux, sur les limites orientales du département; très-rare.

H. PULCHELLA, dans les prés.

H. COSTATA, avec la précédente, surtout à Draguignan.

H. NEGLECTA? au Luc, cette forme a été confondue avec beaucoup d'autres.

H. TREPIDULA, à Saint-Nazaire.

H. TRIPHERA, à Gonfaron.

H. CESPITUM, au Luc, à Draguignan, Claviers et Fayence.

H. INTRODUCTA, Draguignan et Saint-Nazaire.

H. ARENARUM, à Saint-Nazaire, Rians et Draguignan.

H. ARENIVAGA, gorges d'Ollioules, environs de Toulon, forme subforestière.

H. ARIGOI, signalée à Rians.

H. ADOLFI, Gonfaron, Draguignan, Evenos; forme subforestière confondue tour à tour avec l'H. TERVERI et l'H. NAUTINICA.

H. NAUTICA, près de Toulon.

H. PYRAMIDATA, assez abondante; Draguignan, le Luc, Correns, Cuers, environs de Toulon, Rians.

H. CONSPURCATA, au nord de Draguignan, aux Arcs.

H. APICINA, environs de Toulon, Draguignan, le Luc.

H. HERIPENSIS, Draguignan.

H. GIGAXI, Draguignan.

H. Valcourtiana, assez répandue, surtout à Draguignan.

H. Le Mesli, Saint-Zacharie.

H. acentrophala, dans les gorges d'Ollioules, forestière.

H. rugosiuscula, route de Draguignan à Grasse, le Luc, à Tourrettes.

H. Frayssiana, environs de Toulon.

H. limara, environs de Toulon et de Saint-Nazaire.

H. alluvionum, signalée à Rians.

H. Blasi, environs de Draguignan, le Luc.

H. variabilis, environs de Toulon.

H. lauta, au Luc.

H. lineata, dans les chaumes, au Luc.

H. Pisana, Correns, Draguignan, environs de Toulon, Cuers, les Arcs. On trouve à Draguignan une variété *très-carénée*, alors qu'elle est bien adulte, et à Rians la variété *albinos*.

H. terrestris, talus de la gare de Pignans.

H. trochoides, Cuers et le Luc.

H. barbara, commune : Draguignan, le Luc et presque toute la région.

H. acuta, avec la précédente.

Bulimus detritus, Sillans, Vinon et Rians.

B. obscurus, bois de Valauris.

Chondrus tridens, Rians, Valauris et Draguignan, où l'on trouve une variété *major*.

C. quadridens, entre Varages et la Verdière; Aups à la limite de la région de la montagne.

Rumina decollata, commune; on trouve des individus de très grande taille à Draguignan.

Ferussacia subcylindrica, à Draguignan, Rians et la Tour de Ruoux près de Salernes.

Cæcilianella aglena, bords de la Bresque à Sillans.

Clausilia bidens, au Luc.

C. virgata, indiquée aux environs de Toulon.

C. solida, abondante, surtout à Draguignan et Valauris.

C. laminata, signalée aux environs de Toulon.

C. ennychia, au-dessus des gorges d'Ollioules.

C. crenulata; nous la signalons pour la première fois dans le département; nous devons sa capture à M. Charles Azam, bois de Saint-Hermentaire; nous l'avons retrouvée dans les bois de Valauris.

C. Isseli, signalée aussi pour la première fois dans le Var, grâce aussi à M. Charles Azam qui nous en a fait récolter quelques individus dans le petit bois de Pautrier près la Foux de Draguignan.

C. parvula, signalée sur les bords de la Bresque.

Pupa quinquedentata, très-commune; au Luc nous avons trouvé un individu qui, ayant eu une grande partie du dernier tour de sa coquille brisé, a reconstitué la partie perdue, de telle façon que le péristome est devenu patulescent. Au premier coup d'œil on prendrait cette coquille pour un Pomatias; les denticulations ont été reconstituées à leurs places ordinaires.

P. avenacea, à Sillans.

P. frumentum, aux environs de Toulon.

P. secale, à Rians.

P. multidentata, à Trans, les *gardi* d'Esparron.

P. granum, à Fayence.

P. Micheli, aux environs de Toulon.

Pupilla umbilicata, environs de Toulon, Fayence.

Vertigo antivertigo, au Luc.

Planorbis fontanus, à Draguignan.

P. complanatus, à Besse.

P. submarginatus, à Salernes et aux Arcs.

P. vortex, au Luc.

P. rotundatus, à Lorgues, Flayosc.

P. albus, Draguignan, bassin Latil.

P. spirorbis, Draguignan et Trans.

P. imbricatus, réservoir de M. Poulle à Draguignan, Varages.

Physa fontinalis, Foux de Draguignan, Trans.

Limnæa turgida, étang de Tourves.

L. canalis, Besse.

L. limosa, Rians, Saint-Maximin, Draguignan, source de l'Estang à Lorgues.

L. frigida, fontaine très-froide à Evenos.

L. peregra. (Nous nous bornerons à signaler les principales variétés de cette forme, très-répandue dans la région). Variété *très-encroutée*, à Sainte-Anne, près du domaine Galabert, environs de Draguignan; variété *à bord marginal très-sinué*, environs de Draguignan.

L. palustris, Flayosc et le Luc.

L. contorta, aurait été trouvée au Luc.

L. truncatula, environs de Draguignan, Valauris.

Ancylus simplex, au Luc.

A. Moquinianus, Toulon, Foux de Draguignan.

Cyclostoma Lutetianum, très-commun.

C. SULCATUM, à la limite de la zone littorale, depuis Bandol.

POMATIAS STRIOLATUS, Draguignan.

BYTHINIA TENTACULATA, Draguignan, le Luc, Valauris.

AMNICOLA SIMILIS, Saint-Cyr, Flassans.

A. COMPACTA, Trans.

A. ANATINA, Trans.

Nous sommes encore obligé d'annuler les déterminations de l'ancien catalogue en ce qui regarde les BYTHINELLES et PALU-DESTRINES de la Foux de Draguignan; toutes les formes citées ont été confondues avec les suivantes :

BYTHINELLA ANTEISENSIS, forme nouvelle.

B. BERENGUIERI, forme nouvelle; on trouve une variété *minor*.

B. CURTA, moins commune.

Ces formes sont assez abondantes dans le grand canal de la Foux.

BELGRANDIA GIBBA, Saint-Zacharie et Varages.

B. MARGINATA, Foux de Draguignan et de Flassans.

PALUDESTRINA RENEI, forme nouvelle.

P. LOCARDI, forme nouvelle; toutes deux vivent dans la Foux de Draguignan.

Nous croyons bien faire en donnant ici une analyse des eaux de la Foux, que nous empruntons au *Bulletin de la Société d'études scientifiques et archéologiques de la ville de Draguignan*, (tome IV, janvier 1863, page 255). Cette analyse est due à M. Robinet.

L'eau de la Foux est limpide et sans dépôt, mais elle a une saveur salée très-prononcée; elle est aussi sensiblement alcaline.

Son degré hydrotimétrique est de 116 d., ce qui la rapprocherait des eaux de puits de Paris, marquant 94 à 130, si celles-ci n'en différaient pas essentiellement par leur composition.

Voici ce qu'a donné à l'analyse un litre d'eau de la Foux.

Carbonate de chaux........	0 gr.	237
Chlorure de calcium et sulfate de chaux..........	0	763
Sulfate de magnésie et chlorure de magnésium.. .	0	387
Chlorure de sodium (sel marin) et sulfate de soude.	3	750
	5 gr.	137

En effet, un litre de cette eau donne, par l'évaporation à siccité, un résidu pesant 5 gr. 050, chiffre qui se rapproche d'une façon remarquable du résultat de l'analyse.

Il est à remarquer que nous trouvons dans la Foux des formes vivant seulement dans les eaux saumâtres; nous verrons tout à l'heure que les dérivés des sources voisines de la Foux en nourrissent encore.

En résumé, dans le grand canal de la Foux, nous avons récolté : 1º vers sa naissance, sur les pierres :

Bythinella Anteisensis.

B. Berenguieri.

Paludestrina Locardi.

2º Un peu plus bas, sur les plantes :

Ancylus Moquinianus.

Physa fontinalis.

Limnæa limosa.

Les formes précédentes et

Paludestrina Renei.

3º A l'extrémité du canal, près de l'écluse d'un moulin :

Theodoxia thermale.

4° Enfin près de l'écluse dans un petit ruisseau recevant le trop plein des eaux de la Foux :

PALUDESTRINA RENEI.

BELGRANDIA MARGINATA, rare.

Nous devons aussi signaler d'autres formes de PALUDESTRINES et d'AMNICOLES que nous avons récoltées dans la rivière de Nartuby, à partir de sa jonction avec la source puissante de la Foux de Draguignan et dans les canaux dérivés de Nartuby et de la Foux, qui arrosent les environs de Draguignan et de Trans ; nous y reviendrons dans la suite de ce travail, n'étant pas encore fixé sur leur valeur.

Les eaux qui les abritent diffèrent un peu de celles de la Foux : le résultat de leur analyse donne :

Carbonate de chaux	0 gr.	262
Sulfate de chaux et chlorure de calcium......... ..	0	152
Carbonate de magnésie, chlorure de magnésium..	0	189
Chlorure de sodium (sel marin)................. ..	0	330
	0 gr.	933

VALVATA ALPESTRIS, Correns, source de l'Estang à Lorgues.

V. MINUTA, Signes.

THEODOXIA FLUVIATILIS, Correns.

T. THERMALE, Foux de Draguignan, Nartuby et leurs dérivés.

SPHÆRIUM LACUSTRE, Besse.

PISIDIUM PUSILLUM, Besse.

P. CAZERTANUM, Toulon.

P. PULCHELLUM, Valauris.

P. OLIVETORUM, canal de Draguignan, dans le bassin Latil.

III.

RÉGION MONTAGNEUSE.

Comme nous l'avons déjà dit, la région montagneuse, où les éléments calcaires dominent, offre, en raison de l'élévation du sol et des chaînons dont elle est couverte, une température moyenne, plus basse de plus de trois degrés que celle du reste du département; c'est la partie la plus froide du Var, la plus venteuse et aussi la plus sèche.

Les grands plateaux calcaires nourrissent le pin d'Alep et le chêne-vert dans les parties les plus chaudes; le pin silvestre, le chêne-blanc, le sapin, le mélèze et le hêtre vivent dans les régions de plus en plus froides et élevées, de sorte que les grands plateaux pierreux de la montagne se partagent à peu près également entre les landes et les bois qui laissent seulement certaines étendues de plaines hautes pour la culture des céréales.

Nous diviserons donc cette région, en ayant égard surtout à l'altitude et à la température, en deux zones: la première que nous appellerons la ZONE DES OLIVIERS où la température est encore relativement douce; la seconde, à laquelle nous donnerons le nom de ZONE SUBALPESTRE et qui est située tout à fait au Nord du département.

A. ZONE DES OLIVIERS.

La zone des oliviers a pour limite naturelle, au Nord, la ligne extrême de la végétation de cet arbre utile.

Cette ligne part bien au-dessus de Vinon, descend vers Saint-Julien et de là vers la Verdière ; un peu avant d'y arriver, la ligne oblique brusquement vers le Nord, passe bien au-dessus de Montmeyan à Artignosc, Baudinard et arrive ainsi au Verdon quelle ne fait que toucher, pour repasser par Bauduen et redescendre jusqu'à la jonction de la route d'Aiguines à celle d'Aups à Comps ; de ce point, elle se maintient bien au-dessus d'Aups, en se dirigeant dans la direction du Nord de Tourtour, qu'elle évite, pour aller passer au-dessus d'Ampus, traverser Montferrat en se dirigeant droit sur Seillans qu'elle laisse au-dessous d'elle. Arrivée ensuite à la route de Fayence à la montagne, elle remonte subitement vers Mons, et aussitôt après l'avoir touché, redescend droit sur les limites du département jusqu'à ce qu'elle rencontre la Siagne. Dans ce parcours elle oscille entre 500 et 600 mètres d'altitude.

Les mollusques de cette zone sont les suivants :

ZONITES ALGIRUS, au-dessus d'Aups.

HYALINIA BLAUNERI, à Bargemon.

H. NITIDA, à Aups.

H. CRYSTALLINA, sous Mons.

HELIX ASPERSA, commune.

H. Niciensis, autour de Mons, depuis la limite de la zone subalpestre, à Châteaudouble et à Seillans.

H. ciliata, en dessous de Bauduen.

H. rupestris, avec la précédente.

H. lapicida, entre Fox-Amphoux et Moissac.

H. adolfi, à Bargemon.

H. conspurcata, à Châteaudouble.

Bulimus detritus, à Moissac.

Chondrus tridens, à Aups.

C. quadridens, en dessus d'Aups.

Rumina decollata, à Bargemon.

Ferussacia subcylindrica, à Aups.

Pupa quinquedentata, à Bargemon.

P. multidentata, au Malmont de Draguignan.

Pupilla umbilicata, à Aups.

Limnæa limosa, à Châteaudouble.

L. truncatula, à Bargemon.

Ancylus simplex, à Châteaudouble.

Cyclostoma Lutetianum, à Bargemon.

Bythinella Astieri, fontaine sous Bargemon, Aups et à la source de Tourtour.

B. ZONE SUBALPESTRE.

La zone subalpestre est située à l'extrème Nord du département, c'est là que l'on trouve les plus grandes altitudes et aussi la température la plus froide.

Comme la zone des oliviers, la zone subalpestre a été encore bien peu explorée ; espérons que de nouvelles recherches nous permettront dans la suite de combler cette lacune.

Voici les formes que nous connaissons dans cette zone :

VITRINA ANNULARIS, au Nord de la montagne de Lachens (1713 mètres d'altitude), sous les feuilles mortes.

ZONITES ALGIRUS, à Bauduen.

HYALINIA NITIDULA, entre Comps et Trigance.

CONULUS CALLOPISTICUS, sous les pierres, à la limite Nord du département.

HELIX POMATIA, limite Nord du département, Aiguines, Trigance.

H. NICIENSIS, Mons, Bargème et Comps.

H. CILIATA, Bauduen.

H. HISPIDA, au-dessus de Saint-Julien.

H. RUPESTRIS, au-dessus de Bauduen.

H. CORNEA, signalée sur la montagne de Lachens.

BULIMUS DETRITUS, Aiguines et Comps.

CHONDRUS TRIDENS, Notre-Dame de Montferrat.

C. QUADRIDENS, Garrubi, Brovès.

FERUSSACIA SUBCYLINDRICA, Notre-Dame de Montferrat.

PUPA AVENACEA, Comps, Vérignon.

P. FRUMENTUM, Comps.

P. MULTIDENTATA, Comps.

ORCULA DOLIOLUM, montagne de Lachens, au Nord, vis-à-vis la Luby.

LIMNÆA TRUNCATULA, au-dessus de Montferrat.

POMATIAS PATULUS, Notre-Dame de Montferrat, Brovès et Comps.

IV.

SAINTE-BAUME.

Il ne nous reste plus à parler maintenant que du massif de la Sainte-Baume qui, d'ailleurs, présente, comme nous l'avons déjà dit, les trois grandes régions du département, soit :

A. RÉGION MAURESQUE, de Saint-Nazaire à Hyères.

B. RÉGION DES COTEAUX, de la Cadière au Revest et à Brignoles.

Nous avons déjà donné la liste des mollusques qui vivent dans ces fractions de régions, que nous avons confondues, pour plus de facilité, avec les régions correspondantes du reste du département ; il était en effet bien difficile de leur donner une limite qui, d'ailleurs, n'aurait pas été naturelle, chose que nous avons toujours essayé d'éviter.

C. RÉGION MONTAGNEUSE, qui fait l'objet de ce chapitre.

Voici en quelques lignes les contours du massif.

Au Sud, les pentes comprises au-dessus de la route de Cuges jusqu'au dessus du Beausset, celles des Quatre confronts, celles qui dominent le Revest et le contournent, englobant le Faron et le Coudon, appartiennent au massif de la Sainte-Baume ; les pentes orientales de ces mêmes montagnes viennent expirer près de Solliès-Farlède, Solliès-Pont, Solliès-Toucas, Belgencier et

Signes ; de ce point, le massif s'allonge vers l'Est en s'avançant vers Néoules, s'arrêtant à la Roquebrussanne et englobant le mont de la Loube, Candeiron, Sainte-Anastasie. Arrivées à Besse, les pentes s'inclinent vers le Nord, vis-à-vis Camps, la Celle, Mazaugues, Rougiers, Nans, Saint-Maximin et Pourcieux.

Un petit îlot, situé entre les limites du département et une perpendiculaire que l'on élèverait du Plan-d'Aups vers le Nord, jusqu'à ce qu'elle rencontre les limites du Var, fait exception, et appartient à la région des coteaux. Saint-Zacharie s'élève presque au centre.

Les formes reconnues dans le massif de la Sainte-Baume sont les suivantes :

VITRINA STRIATA.

HYALINIA STŒCHADICA.

H. FARISENIANA.

H. KRALIKI.

HELIX CINCTELLA.

H. CILIATA.

H. RUPESTRIS, à Sainte-Anastasie.

H. ARENIVAGA, au Saint-Pilon.

H. JAMBERNATI.

H. SCITULA.

CLAUSILIA PLICATULA.

CL. ENNYCHIA, plateau dominant Toulon.

PUPA MULTIDENTATA.

P. MICHELI, avec le précédent.

PLANORBIS SPIRORBIS, au Plan-d'Aups.

V.

MOLLUSQUES DU VAR.

TABLEAU DE RÉPARTITION.

FORMES.	RÉGION MAURESQUE			RÉGION DES COTEAUX		RÉGION MONTAGNEUSE		MASSIF DE LA Ste-Baume.
	Zone littorale.	Zone forestière.	Zone des vallées.	Zone littorale.	Zone des coteaux.	Zone des oliviers.	Zone subalpestre.	
VITRINA.								
— annularis........	»	»	»	»	»	»	R	»
— striata.........	»	»	»	»	»	»	»	A R
SUCCINEA.								
— Pfeifferi........	»	»	A C	»	»	»	»	»
— elegans........	C	»	A C	»	C	»	»	»
ZONITES.								
— algirus	»	T R	»	»	C	A C	A C	»
HYALINIA.								
— stœchadica.....	»	R	»	»	»	»	»	»
— lucida	»	R	A C	»	A C	»	»	»
— Blauneri.......	»	»	»	»	»	R	»	»
— Farinesiana....	»	»	»	»	»	»	»	T R
— Kraliki	»	»	»	»	»	»	»	R
— nitidula.... ...	»	R	»	»	R	»	A R	»
A reporter....	1	4	3	0	4	2	3	3

C, commun. — R, rare. — A C, assez commun. — P C, peu commun. — A R, assez rare. — T C, très commun. — T R, très rare.

FORMES.	RÉGION MAURESQUE			RÉGION DES COTEAUX		RÉGION MONTAGNEUSE		MASSIF DE LA Ste-BAUME.
	Zone littorale.	Zone forestière.	Zone des vallées.	Zone littorale.	Zone des coteaux.	Zone des oliviers.	Zone subalpestre.	
Report	1	4	3	0	4	2	3	3
H. nitida	»	»	»	»	R	R	»	»
— pseudohydatina	»	»	R	»	»	»	»	»
— noctuabonda	»	»	R	»	»	»	»	»
— crystallina	»	A R	A R	»	P C	P C	»	»
— diaphana	»	A R	A R	»	»	»	»	»
CONULUS.								
— callopisticus	»	R	R	»	»	»	A R	»
— Mortoni	»	»	R	»	»	»	»	»
LEUCOCHROA.								
— candidissima	»	T R	»	»	T C	C	C	»
HELIX.								
— Korœgœlia	»	»	A R	»	»	»	»	»
— aperta	»	A R	P C	»	»	»	»	»
— aspersa	»	P C	C	»	C	»	»	»
— pomatia	»	»	»	»	»	»	A R	»
— melanostoma	»	»	»	»	P C	»	»	»
— vermiculata	A R	»	A C	»	C	»	»	»
— Magnetti	»	»	»	»	P C	»	»	»
— Niciensis	»	»	»	»	A R	A R	A R	A C
— splendida	»	»	A R	»	A C	»	»	»
— nemoralis	»	R	A R	»	A C	»	»	»
— cemenelea	»	»	C	»	T C	»	»	»
— d'Anconœ	»	R	R	»	A R	»	»	»
— cotinophila	»	»	»	»	A R	»	»	A R
— Telonensis	»	»	»	»	A R	»	»	»
— Moutoni	»	»	»	»	A T	»	»	»
— diœga	»	»	»	»	T R	»	»	»
— suberina	»	T R	»	»	?	»	»	»
— limbata	»	»	»	»	»	»	»	»
— cinctella	»	»	»	»	»	»	»	T R
— ciliata	»	»	»	»	A C	A C	A C	A C
— carthusiana	»	»	T C	»	T C	»	»	»
— carthusianella	»	»	T C	»	T C	»	»	»
— glabella	»	»	»	»	?	»	»	»
— episema	»	R	R	»	R	»	»	»
A reporter	2	14	20	0	26	7	8	7

FORMES.	RÉGION MAURESQUE			RÉGION DES COTEAUX		RÉGION MONTAGNEUSE		MASSIF DE LA Ste-BAUME.
	Zone littorale.	Zone forestière.	Zone des vallées.	Zone littorale.	Zone des coteaux.	Zone des oliviers.	Zone subalpestre.	
Report.......	2	14	20	0	26	7	8	7
II. rufilabris.......	»	»	R	»	R	»	»	»
— hispida	»	»	»	»	A C	A C	»	»
— ruderata	»	»	»	»	T R	»	»	»
— rotundata......	»	A C	»	»	T C	»	»	»
— pygmœa........	»	»	T R	»	»	»	»	»
— rupestris.......	»	T R	»	»	A R	A C	»	A C
— aculeata	»	T R	»	»	»	»	»	»
— obvoluta......	»	»	»	»	A R	»	»	»
— Rangi	»	»	»	»	T R	»	»	»
— constricta.	»	»	»	»	T R	»	»	»
— lenticulata	»	»	»	»	R	»	»	»
— lapicida..	»	A C	»	»	A C	A C	»	»
— cornea.........	»	»	»	»	»	»	»	A R
— Gallica	»	»	»	»	T R	»	»	»
— pulchella.......	»	A R	A R	»	A R	»	»	»
— costata.........	»	T R	T R	»	»	»	»	»
— neglecta	»	»	»	»	?	»	»	»
— trepidula.... ..	»	»	»	A C	A C	»	»	»
— triphera........	»	»	»	»	A R	»	»	»
— cespitum.......	»	T R	»	»	C	A C	»	»
— introducta.	»	»	»	»	A R	»	»	»
— arenarum	»	»	»	»	A C	»	»	»
— arenivaga......	»	»	A R	»	A C	A C	»	A C
— Arigoi.........	»	»	»	»	R	»	»	»
— Adolfi	»	A C	»	»	A R	»	»	»
— stiparum.......	»	»	»	»	»	»	»	A R
— nautica	»	»	»	»	A R	»	»	»
— pyramidata.....	»	»	A R	»	C	»	»	»
— conspurcata.. .	A R	»	A C	»	A C	A C	»	»
— apicina	»	»	A C	»	A C	»	»	»
— psaropsis	»	»	R	»	»	»	»	»
— Marsiana.......	»	»	R	»	»	»	»	»
— Heripensis.....	»	»	A R	»	A R	»	»	»
— Licuranensis...	»	»	A C	»	»	»	»	»
— Gigaxi	»	»	A C	»	A C	»	»	»
A reporter....	3	22	33	1	53	13	8	11

FORMES.	RÉGION MAURESQUE			RÉGION DES COTEAUX		RÉGION MONTAGNEUSE		MASSIF DE LA Ste-BAUME.
	Zone littorale.	Zone forestière.	Zone des vallées.	Zone littorale.	Zone des coteaux.	Zone des oliviers.	Zone subalpestre.	
Report.......	3	22	33	1	53	13	8	11
H. Valcourtiana ...	»	»	A R	»	A C	»	»	»
— Mauriana......	»	»	A R	»	»	»	»	»
— le Mesli........	»	»	»	»	A R	»	»	»
— acentrophala ...	»	»	»	»	A R	»	»	»
— rugosiuscula ...	»	»	A R	»	A C	»	»	»
— Jambernati....	»	»	»	»	»	»	»	A R
— acosmia.......	»	»	R	»	»	»	»	»
— Frayssiana.....	»	»	»	»	R	»	»	»
— Terveri........	»	T R	»	»	»	»	»	»
— Xera	»	»	A R	»	»	»	»	»
— limara........	»	»	A C	»	»	»	»	»
— Artonilla......	»	»	A R	»	»	»	»	»
— Kerizonsis.....	»	T R	A R	»	»	»	»	»
— Xalonica.......	»	»	A C	»	»	»	»	»
— alluvionum....	»	»	»	»	A R	»	»	»
— Cyzicensis	»	T R	A R	»	A R	»	»	»
— Blasi..........	»	»	A C	»	A C	»	»	»
— fœdata....... .	»	»	T R	»	»	»	»	»
— variabilis	»	»	»	»	A C	»	»	»
— lauta	T C	»	»	T C	C	»	»	»
— lineata.........	A C	»	»	»	A C	»	»	»
— Pisana........	»	»	A C	»	C	»	»	»
— explanata......	»	»	»	T C	»	»	»	»
— catocyphia . ..	»	»	T R	»	»	»	»	»
— scitula.........	»	»	»	A C	»	»	»	A C
— trochilus.......	»	»	»	C	»	»	»	»
— terrestris	A C	»	A C	A C	»	»	»	»
— trochoides......	A C	»	A C	A C	»	»	»	»
— conoidea.......	A C	»	C	C	»	»	»	»
— barbara.	A C	»	T C	T C	»	»	»	»
— acuta	A C	»	T C	T C	»	»	»	»
BULIMUS.								
— detritus.......	»	»	»	»	A R	A C	C	»
— obscurus..... ..	»	T R	»	»	A C	»	C	A C
A reporter.. .	10	26	52	10	67	14	10	14

FORMES.	RÉGION MAURESQUE			RÉGION DES COTEAUX		RÉGION MONTAGNEUSE		MASSIF DE LA SIC-BAUME.
	Zone littorale.	Zone forestière.	Zone des vallées.	Zone littorale.	Zone des coteaux.	Zone des oliviers.	Zone subalpestre.	
Report.......	10	26	52	10	67	14	10	14
CHONDRUS.								
— tridens	»	?	»	»	A C	A C	C	»
— quadridens.....	»	»	»	»	A R	A C	C	»
RUMINA.								
— decollata.	»	»	A C	»	A C	C	»	»
AZECA.								
— Boissyi........	»	T R	»	»	»	»	»	»
FERUSSACIA.								
— subcylindrica...	»	»	A R	»	A R	A C	A C	»
— folliculus..	»	T R	»	»	»	»	»	»
— Vescoi.........	»	»	A R	»	»	»	»	»
CÆCILIANELLA.								
— aglena....	»	»	T R	»	»	»	A C	»
CLAUSILIA.								
— bidens	»	»	»	»	R	»	»	»
— virgata	»	R	»	»	R	»	»	»
— solida..........	»	»	»	»	T C	»	»	T C
— arcœensis......	»	»	R	»	»	»	»	»
— laminata.......	»	»	»	»	R	»	»	»
— plicatula.......	»	»	»	»	»	»	»	R
— ennychia.......	»	»	»	»	R	»	»	R
— pleurasthena ...	»	»	»	»	R	»	»	»
— crenulata	»	»	»	»	A R	»	R	»
— Isseli..........	»	»	»	»	A C	»	»	»
— parvula..	»	»	»	»	»	»	R	»
BALIA.								
— perversa.......	»	T R	»	»	»	»	»	»
PUPA.								
— quinquedentata.	»	»	T C	»	T C	T C	»	»
— amicta.........	»	R	»	»	»	»	»	»
— avenacea.......	»	»	»	»	»	A C	C	»
— frumentum.....	»	»	»	»	A C	»	C	»
— secale	»	»	A R	»	A C	»	»	»
— multidentata . .	»	»	»	»	A C	»	A C	A C
— granum........	»	»	»	»	A C	»	»	»
A reporter....	10	32	59	10	84	20	19	18

FORMES.	RÉGION MAURESQUE			RÉGION DES COTEAUX		RÉGION MONTAGNEUSE		MASSIF DE LA Ste-BAUME.
	Zone littorale.	Zone forestière,	Zone des vallées.	Zone littorale.	Zone des coteaux.	Zone des oliviers.	Zone subalpestre.	
Report.......	10	32	59	10	84	20	19	18
P. Micheli.	»	»	R	»	»	»	»	»
ORCULA.								
— doliolum.......	»	»	»	»	»	»	R	»
PUPILLA.								
— umbilicata	»	»	»	»	R	R	»	»
— muscorum	»	T C	»	»	T C	»	»	»
ISTHMIA.								
— muscorum	»	T R	»	»	»	»	»	»
VERTIGO.								
— antivertigo.....	»	»	»	»	T R	»	»	»
CARYCHIUM.								
— tridentatum	»	T R	R	»	»	»	»	»
ALEXIA.								
— myosotis........	A C	»	»	A C	»	»	»	»
— Micheli........	»	»	»	A R	»	»	»	»
PLANORBIS.								
— fontanus.......	»	»	A R	»	A C	»	»	»
— complanatus ...	»	»	»	»	A C	»	»	»
— submarginatus..	»	»	»	»	A C	»	»	»
— vortex	»	»	»	»	A R	»	»	»
— rotundatus.. ..	»	»	A R	»	A C	A C	»	A C
— albus	»	»	»	»	A C	»	»	»
— spirorbis.. ..	»	»	»	»	A R	»	»	»
— imbricatus	»	»	A C	»	A C	»	»	·
— Crosseanus	»	»	A R	»	»	»	»	»
PHYSA.								
— fontinalis	»	»	A C	»	»	»	»	»
— acuta...	»	»	A R	»	»	»	»	»
— hypnorum.....	»	»	A C	»	»	»	»	»
LIMNÆA.								
— turgida	»	»	»	»	A R	»	»	»
— canalis	»	»	»	»	A R	»	»	»
— limosa.........	»	»	C	»	C	C	»	»
— frigida........	»	»	»	»	R	»	»	»
— peregra	»	»	C	»	T C	»	»	·
A reporter....	11	35	70	12	100	23	20	19

FORMES.	RÉGION MAURESQUE			RÉGION DES COTEAUX		RÉGION MONTAGNEUSE		MASSIF DE LA Ste-BAUME.
	Zone littorale.	Zone forestière.	Zone des vallées.	Zone littorale.	Zone des coteaux.	Zone des oliviers.	Zone subalpestre.	
Report.......	11	35	70	12	100	23	20	19
L. Alpestris........	»	A C	»	»	»	»	»	»
— palustris.......	»	»	»	»	R	»	»	»
— lacunosa.......	»	»	A C	»	»	»	»	»
— contorta.......	»	»	A R	»	»	»	»	»
— truncatula......	»	A C	A C	»	A C	»	»	»
ANCYLUS.								
— simplex.......	»	A C	A R	»	A C	A C	»	»
— capuloides.....	»	R	R	»	»	»	»	»
— costulatus......	»	»	A R	»	»	»	»	»
— Moquinianus...	»	»	R	»	A R	»	»	»
CYCLOSTOMA								
— Lutetianum ...	»	»	T C	»	T C	T C	T C	»
— sulcatum.......	»	»	»	»	A C.	»	»	»
POMATIAS.								
— striolatus......	»	»	»	»	A R	»	»	»
— patulus........	»	»	»	»	»	A C	A C	»
— Macei.........	»	»	A R	»	»	»	»	»
TRUNCATELLA.								
— truncatula.....	R	»	»	R	»	»	»	»
— lævigata......	R	»	»	R	»	»	»	»
BYTHINIA.								
— tentaculata.....	»	»	T C	»	T C	»	»	»
— Sebethina.....	»	»	A C	»	A C	»	»	»
AMNICOLA.								
— similis........	»	»	»	»	A R	»	»	»
— compacta......	C	»	T C	»	A C	»	»	»
— anatina.......	C	»	T C	»	A C	»	»	»
BYTHINELLA.								
— Astieri........	»	»	»	»	»	»	A R	»
— Anteisensis....	»	»	»	»	A R	»	»	»
— Berenguieri....	»	»	»	»	A C	»	»	»
— curta.........	»	»	»	»	A R	»	»	»
BELGRANDIA.								
— gibba	»	»	»	»	A R	»	»	»
— marginata.....	»	»	»	»	T R	»	»	»
A reporter...	15	39	83	14	117	26	23	19

FORMES.	RÉGION MAURESQUE			RÉGION DES COTEAUX		RÉGION MONTAGNEUSE		MASSIF DE LA Ste-BAUME.
	Zone littorale.	Zone forestière.	Zone des vallées.	Zone littorale.	Zone des coteaux.	Zone des oliviers.	Zone subalpestre.	
Report.......	15	39	83	14	117	26	23	19
PALUDESTRINA.								
— Macei	»	»	»	A R	»	»	»	»
— Renei...	»	»	»	»	A R	»	»	»
— Locardi...	»	»	»	»	A R	»	»	»
— acuta..........	T C	»	»	»	»	»	»	»
— aciculina......	T C	»	»	»	»	»	»	»
— gracillima......	T R	»	»	»	»	»	»	»
— soluta	T R	»	»	»	»	»	»	»
— Fagotiana... ..	C	»	»	»	»	»	»	»
— Panescorsi. ...	A R	»	»	»	»	»	»	»
— Azami.........	R	»	»	»	»	»	»	»
VALVATA.								
— Alpestris.... ..	»	»	A C	»	A C	»	»	»
— spirorbis.	»	»	T R	»	»	»	»	»
— minuta.........	»	»	»	»	T R	»	»	»
THEODOXIA.								
— fluviatilis	»	»	A C	»	T C	»	»	»
— thermale... ...	»	»	»	»	A C	»	»	»
SPHÆRIUM.								
— corneum.......	»	»	T R	»	»	»	»	»
— lacustre.... ...	»	»	A C	»	A R	»	»	»
PISIDIUM.								
— pusillum.......	»	»	»	»	»	A C	»	»
— nitidum	»	»	A C	»	»	»	»	»
— Cazertanum....	»	»	»	»	A R	»	»	»
— pulchellum. ...	»	»	A C	»	»	»	»	»
— olivetorum.....	»	»	A C	»	A R	»	»	»
ANODONTA.								
— Gallica	»	»	A R	»	»	»	»	»
— oblonga........	»	»	A R	»	»	»	»	»
UNIO.								
— St-Simonianus.	»	»	A C	»	»	»	»	»
— orthellus.... ..	»	»	A C	»	»	»	»	»
— Berenguieri	»	»	A R	»	»	»	»	»
— Forojuliensis ...	»	»	T R	»	»	»	»	»
TOTAL........	22	39	97	15	126	27	23	19

En nous basant sur les chiffres *fictifs* de ce tableau, nous voyons que la zone littorale de la région des côteaux, est celle qui compte le moins de formes (15).

Vient ensuite le massif de la Sainte-Baume (19).

La zone littorale mauresque (22).

La zone subalpestre (23).

La zone des oliviers (27).

La zone forestière mauresque (39).

La zone des vallées d'alluvions (97).

Enfin la zone des coteaux (126).

Plus de 400 stations ont concouru à la formation de ce tableau, qui est loin d'être d'une exactitude rigoureuse, puisque la faune malacologique du département n'est point encore parfaitement connue ; nous avons voulu seulement donner une idée de l'abondance de certaines formes, suivant les régions qu'elles habitent. En effet, bien que l'on connaisse un nombre assez restreint de stations, on est conduit à penser que l'étendue comprise entre deux stations extrêmes d'une même forme est habitée par un nombre plus ou moins considérable d'individus lui appartenant, si les milieux ne changent pas.

Cependant, ces indications ne sont que relatives ; car il peut exister d'autres stations éloignées qui nous sont inconnues. Aussi nous sommes nous servi des abréviations suivantes :

C.— *commun;*

R.— *rare;*

AC.— *assez commun ;*

PC.— *peu commun ;*

AR.— *assez rare ;*

TC. — *très-commun;*

TR. — *très-rare ;*

Seulement pour indiquer que l'on a rencontré un nombre plus ou moins considérable d'individus *dans les stations connues.*

Il en est de même pour la région montagneuse et le massif de la Sainte-Baume, qui ont été encore bien peu explorés et qui assurément comptent un nombre de formes beaucoup plus considérable que celles citées. On peut cependant remarquer que les formes malacologiques, plus rares sur le littoral, se multiplient dans les zones de l'intérieur, pour se réduire dans la région montagneuse; mais, nous le répétons encore, le fait n'est pas absolument contrôlé, puisque la zone montagneuse est celle qui a été la moins explorée. Néanmoins, dès maintenant il nous est possible de remarquer que certains genres et certaines formes semblent cantonnés ainsi :

Les VITRINES n'ont été encore reconnues que sur les plus hauts sommets du Var.

Les SUCCINÉES affectionnent les vallées d'alluvions et la zone des coteaux ; à mesure que le sol se relève, leur nombre décroit en proportion.

Le ZONITES ALGIRUS, quoique remontant depuis la zone littorale de la région des coteaux jusque dans la région montagneuse, ne fait que de très-rares apparitions dans la région mauresque, et seulement là où il peut trouver quelques lambeaux calcaires ; il en est de même pour le LEUCOCHROA CANDIDISSIMA.

Le genre HYALINIA se trouve surtout dans les forêts et ne craint pas de remonter au Nord du département. Certaines formes, trouvées dans les alluvions du Gapeau, quoique rangées avec celles de la zone des vallées mauresques, doivent provenir du massif de la Sainte-Baume et avoir été entraînées par les eaux.

Le genre Conulus aime les hauteurs, témoin le C. callopisticus, que nous trouvons dans les forêts mauresques et à l'extrême Nord du Var ; le Gapeau l'entraîne en compagnie du C. mortoni jusqu'à Hyères ; peut-être même s'est-il acclimaté dans les Maures par cette voie.

Certaines Hélices ne se trouvent que dans le voisinage du littoral, témoins l'H. aperta, H. Koræogælia et celles voisines des Kerizonsis, limara, Xalonica, Blasi, conspurcata, etc. D'autres, comme l'H. pomatia, ne vivent que dans le Nord. L'H. melanostoma semble particulière à la région des coteaux du massif de la Sainte-Baume, ainsi que l'H. Magnetti. L'H. Niciensis vient des Alpes-Maritimes par le Nord-Est du département, et demeure cantonnée dans cette partie du Var, bien qu'on la signale aux environs de Toulon, ce dont nous doutons fort.

Le groupe de la Telonensis rayonne autour du massif de la Sainte-Baume.

Notre Helix suberina, appartenant à un groupe que l'on ne connaissait pas encore en France, semble spéciale, jusqu'à présent, aux forêts mauresques.

D'autres formes sont essentiellement forestières : H. ciliata, hispida, rotundata, obvoluta, etc.

Trois autres, appartenant à la faune des Pyrénées, ne vivent qu'à Ollioules : H. Rangi, H. constricta, H. lenticulata.

L'Azeca Boissyi, vivant également dans les Pyrénées, se retrouve non loin de cette localité, à Saint Mandrier.

Enfin, les Helix terrestris, scitula, trochoides, conoidea,

BARBARA, ACUTA, EXPLANATA, LINEATA, LAUTA, sont spéciales aux zones littorales.

Les BULIMES ne vivent que dans les régions montagneuses.

Le CHONDRUS TRIDENS et le C. QUADRIDENS, partant du Nord du département, descendent jusqu'à la région des coteaux, avec les FERUSSACIES et les CÆCILIANELLES.

La plus grande partie de nos CLAUSILIES rayonnent autour de la Sainte-Baume; deux seulement semblent provenir des Alpes-Maritimes; C. CRENULATA, C. ISSELI.

Les genres BALIA et ISTHMIA ne sont encore connus que dans les forêts mauresques.

Le genre PUPA est assez répandu.

L'ORCULA DOLIOLUM vit dans le Nord.

Le CARYCHIUM TRIDENTATUM se plait sur les montagnes boisées; nous le suivons depuis les pentes orientales de l'Estérel, vis-à-vis les Alpes-Maritimes, jusqu'au Gapeau, qui doit l'emmener de la Sainte-Baume.

Les PLANORBES sont répandus dans les trois régions.

Les PHYSES et les LIMNÉES affectionnent la zone des vallées de la région mauresque. La LIMNÆA CONTORTA, doit être arrivée d'Italie chez nous par les Alpes-Maritimes, bien qu'elle n'y soit pas signalée.

Les AMNICOLES préfèrent le voisinage du littoral.

Les BYTHINELLES, la région des coteaux.

Le genre BELGRANDIA, prospère plutôt au Nord.

A peu d'exceptions près, les genres VALVATA, THEODOXIA, SPHÆRIUM et PISIDIUM vivent dans les vallées de la région mauresque.

Enfin, les genres ANODONTA et UNIO, n'ont été encore trouvés que dans les vallées mauresques.

Telles sont, rapidement, les observations générales que l'on peut faire sur la faune malacologique du Var (1).

VI.

CLASSIFICATION.

Genre Vitrina.

V. ANNULARIS, Venetz.

> *Hyalinia annularis*, Venetz, 1830. *In Stud., Kurz. Verzeichn.*, p. 86.
>
> *Vitrina subglobosa*, Dupuy, 1847. *Hist. moll.* p. 62, pl. I, fig. 8.

V. STRIATA, Bourguignat.

> 1876. *Spec. nov. moll.* p. 37, n° 45.

Genre Succinea.

S. PFEIFFERI, Rossmassler.

> 1835. *Iconogr.* I, p. 92, f. 46.

---

(1) Étant limité dans cette première étude nous avons dû renoncer à nous étendre sur ce sujet; nous renvoyons donc à notre *Malaco-Stratigraphie du Var ou suites à l'essai sur la Faune Malacologique de ce département* qui paraîtra incessamment.

S. ELEGANS, Risso.
>1826. *Hist. nat. Eur. mérid.* t. IV, p. 59.

Genre Zonites.

Z. ALGIRUS, Linné.
>*Helix Algira*, Lin. 1758. *Syst. nat.*, éd. X, I, p. 769.

Genre Hyalinia.

II. STŒCHADICA, Bourguignat.
>*Zonites stœchadicus*, Bourg. 1877. *In Fagot. Catal. moll.
>Petites-Pyrénées de la Haute-Garonne*, p. 38.

II. LUCIDA, Draparnaud.
>*Helix lucida*, Drap., 1801. *Tabl.* p. 96.
>*Hyalinia Draparnaldi*, Albers, 1850. *Die Helic*, p. 28.

II. BLAUNERI, Schuttleworth.
>*Helix Blauneri*, Schut., 1843. *In Mit. Gesellsch. Bern.*,
>p. 13.
>*Hyalinia Blauneri*, Locard, 1880. *Etudes var. malac.*, 1,
>p. 43.

H. FARINESIANA, Bourguignat.
>*Zonites Farinesianus*, Bourg., 1870. *In Rev. et mag. zool.*,
>t. XXII, pl. XVI, fig. 1-3.
>*Hyalinia Farinesiana*, Kobelt, 1879. *In Rossm., Iconogr.*,
>t. VI, p. 31, pl. CLVIII, f. 1610.

H. KRALIKI, Letourneux.
>*Zonites Kraliki*, Let., 1878. *In Litt.*
>*Hyalinia Kraliki*, Loc., 1881. *Etudes var. mal.*, II, p. 543.

H. ɴɪᴛɪᴅᴜʟᴀ, Draparnaud.

> *Helix nitidula*, Draparnaud, 1805. *Hist. moll.*, p. 117.
>
> *Hyalinia nitidula*, Albers, 1860. *Die Helic.*, 2ᵉ éd., p. 69.

H. ɴɪᴛɪᴅᴀ, Müller.

> *Helix nitida*, Müll., *Verm. terr. et fluv. hist.*, II, p. 32.
>
> *Hyalinia nitida*, Wersterlund, 1876. *Fauna europ. Prodr.* p. 26.

H. ᴘꜱᴇᴜᴅᴏʜʏᴅᴀᴛɪɴᴀ, Bourguignat.

> *Helix Hydatina*, Philippi, 1846. *Enum. moll. Sic.*, t. II, p. 108.
>
> *Hyalinia pseudohydatina*, Wersterlund, 1876. *Fauna europ. Prodr.*, p. 27.

H. ɴᴏᴄᴛᴜᴀʙᴜɴᴅᴀ, Bourguignat.

> *Zonites noctuabundus*, Bourg., 1880. *In Servain, Ét. moll. Esp.*, p. 25.

H. ᴄʀʏꜱᴛᴀʟʟɪɴᴀ, Müller.

> *Helix crystallina*, Müll., 1774. *Verm. terr. fluv. Hist.*, II, p. 23.
>
> *Hyalinia crystallina*, Morch, 1864. *Syst. moll. Daniæ*, p. 14.

H. ᴅɪᴀᴘʜᴀɴᴀ, Studer.

> *Helix diaphana*, Stud., 1820. *Kurz. Verzeichn.*, p. 86.
>
> *Hyalinia diaphana*, S. Clessin, 1877. *In Malak. Bl.*, t. XXIV, p. 132, pl. II, 10.

Genre Conulus.

C. ᴄᴀʟʟᴏᴘɪꜱᴛɪᴄᴜꜱ, Bourguignat.

> *Zonites callopisticus*, Bourg., 1875. *In Sched.* — 1880. *In Servain, Etude moll. Esp. Port.*, p. 30.

Conulus callopisticus, Locard, 1882. *Prodrome malac. franc.*, p. 50.

C. MORTONI, Jeffreys.

Helix Mortoni, Jeff., 1830. *In Linn. Trans.*, XVI, p. 332.

Conulus Mortoni, Loc., 1882. *Prod. malac. franc.*, p. 51.

Genre Leucochroa

L. CANDIDISSIMA, Draparnaud.

Helix candidissima, Drap., 1801. *Tabl. moll.*, p. 75.

Leucochroa candidissima, Beck, 1837. *Index molluscorum*, p. 17.

Genre Helix.

H. KORÆGÆLIA, Bourguignat.

1878. *Etude sur les differ. groupes d'Hélices de la série des pomatia, ligata, Lucorum* (trav. inéd.).

H. APERTA, Born.

1778. *Index mus. Cæsar. Vindobon*, p. 309.

H. ASPERSA, Müller.

1774. *Verm. terr. et fluv. hist.*, II, p. 59.

H. POMATIA, Linné.

1758. *Systema naturæ*, 10ᵉ édit., I, p. 771.

H. MELANOSTOMA, Draparnaud.

1801. *Tabl. moll.*, p. 77.

H. VERMICULATA, Müller.

1774. *Verm. terr. et fluv. hist.*, II, p. 20.

H. MAGNETTII, Cantraine.

1840. *Malac. mediter. et littor.*, p. 108.

II. Niciensis, Ferussac.

> 1822. *Tabl. syst.*, p. 36.

H. splendida, Draparnaud.

> 1830. *Tabl. moll.*, p. 83.

H. nemoralis, Linné.

> 1758. *Syst. natur.*, 10e édit., p. 773.

H. cemenelea, Risso.

> *Theba cemenelea*, Risso, 1826. *Hist. nat. Euro. mérid.*,
> IV, p. 75, n° 168.

> *Helix galloprovincialis*, Dupuy, 1848. *Hist. moll.*, p. 204,
> pl. IX, f. 5.

H. d'Anconœ, Issel.

> 1876. *Append. al catal. dei moll. di Pisa*, p. 8.

H. cotinophila, Bourguignat.

> *In Locard*, 1882. *Prod. malac. franc.*, p. 64.

H. Telonensis, Mitre.

> 1842. *Descrip. coq. nouvel. in Ann. Sc. nat.*, XVIII, p. 188.

H. Moutoni, Mitre.

> 1846. *In Sched.* — Dupuy, 1848. *Hist. moll.*, p. 178, pl.
> IX, fig. 2.

H. Diœga, Bourguignat.

> 1877. *In Rev. et mag. zool.*, p. 239.

H. suberina, Bérenguier.

> *(Voir les formes nouvelles)*.

H. limbata, Draparnaud.

> 1805. *Hist. moll.*, p. 100, pl. VI, fig. 29.

H. cinctella, Draparnaud.

> 1801. *Tabl. moll.*, p. 87.

H. CILIATA, Venetz.

> 1820. *In Studer , Kurz. Verzeichn.*, p. 86.

H. CARTHUSIANA, Müller.

> 1774. *Verm. ter. et fluv. hist.*, II, p. 15.

H. CARTHUSIANELLA, Draparnaud.

> 1801. *Tabl. moll.*, p. 8.

H. GLABELLA, Draparnaud.

> 1801. *Tabl. moll.*, p. 87.

H. EPISEMA, Bourguignat.

> 1872. *In Sched.* — 1877. *In Letourneux, moll. Lamalou,*
> p. 6.

H. RUFILABRIS, Jeffreys.

> 1833. *Syn. moll., in Linn. trans.*, XVI, p. 509.
> *Helix rufilabris,* Dupuy, 1848. *Hist. moll.*, p. 207, pl. IX,
> fig. 7.

H. HISPIDA, Linné.

> 1758. *Systema naturæ*, 10ᵉ édit., p. I, p. 771.

H. RUDERATA, Studer.

> 1820. *Kurz. Verzeichn.*, p. 86.

H. ROTUNDATA, Müller.

> 1774. *Verm. terr. et fluv. hist.*, II, p. 29.

H. PIGMÆA, Draparnaud.

> 1801. *Tabl. moll.*, p. 93.

H. RUPESTRIS, Studer.

> 1789. *Faun. Helv., in Coxe., Trav. Switz.*, III, p. 430.

H. ACULEATA, Müller.

> 1774. *Verm. terr. et fluv. hist.*, II, p. 81, nᵒ 279.

H. OBVOLUTA, Müller.

> 1774. *Verm. terr. et fluv. hist.*, II, p. 27, nᵒ 229.

H. Rangi, Deshayes.

> 1830. *Encyclop. meth., Vers.*, II, p. 257.

H. constricta, Boubée.

> 1856. *Echo du monde savant*, n° 50, p. 220.

H. lenticula, Ferussac.

> 1822. *Tabl. syst.*, p. 41.

H. lapicida, Linné.

> 1785. *Syst. naturæ*, 10° édit., p. 768.

H. cornea, Draparnaud.

> 1801. *Tabl. moll.*, p. 89.

H. Gallica, Bourguignat.

> *Helix planospira*, Michaud, 1831. *Compl. Hist. moll.*, p. 36, pl. XIV, fig. 3-4.
>
> *Helix Gallica*, Bourguignat, *in Locard. Prodr. malac. franc.*, p. 92.

H. pulchella, Müller.

> 1774. *Verm. terr. et fluv. hist.*, II, p. 30, n° 232.

H. costata, Müller.

> 1774. *Verm. terr. et fluv. hist.*, II, p. 31, n° 233.

H. neglecta, Draparnaud.

> 1805. *Hist. moll.*, p. 108, pl. VI, fig. 12-13.

H. trepidula, Servain.

> 1880. *In Locard*, 1882. *Prodr. malac. franc.*, p. 99.

H. triphera, Bourguignat.

> 1881. *In Locard*, 1882. *Prodr. malac. franc.*, p. 99.

H. cespitum, Draparnaud.

> 1801. *Hist. moll.*, p. 92.

H. introducta, Ziegler.

> *In Locard*, 1882. *Prodr. malac. franc.*, p. 100.

H. ARENARUM, Bourguignat.

> *Helix cespitum* (var. *Algeriana*) Grateloup, 1853. *In Locard*, 1882. *Prodr. malac. franc.*, p. 101.
>
> *Helix arenarum*, Bourg., 1864. *Malac. Algérie*, I, p. 238, pl. XXVII, fig. 1-9.

H. ARIGOI, Rossmassler.

> 1854. *Iconogr.*, XII, p. 21, pl. LXVI, fig. 823-824.

H. ADOLFI, Pfeiffer.

> *In Malak. Blatt.*, 1854, p. 264.

H. STIPARUM, Rossmassler.

> 1854. *Iconogr.*, XII, p. 20, pl. LXVI, fig. 820 et 821 (excl. fig. 822).

H. NAUTICA, Locard.

> 1880. *In Locard*, 1882. *Prodr. malac. franc.*, p. 102.

H. PYRAMIDATA, Draparnaud.

> 1805. *Hist. moll.*, p. 80, pl. V, fig. 5-6.

H. CONSPURCATA, Draparnaud.

> 1801. *Tabl. moll.*, p. 93.

H. APICINA, Lamarck.

> 1823. *Anim. s. vert.*, VI, II, p. 93.

H. PSAROPSIS, Locard.

> 1882. Locard, *In Prodr. malac. franc.*, p. 105.

H. MARSIANA, Bourguignat.

> 1878 et 1880. *In Servain, Etud. moll. Esp. Port.*, p. 79.

H. HERIPENSIS, J. Mabille.

> 1872. *In Sched.*—1877. *In Bull. soc. zool. de France*, p. 304.

H. LIEURANENSIS, Bourguignat.

> 1877. *In Sched.* — 1880. *In Servain, Etude moll. Esp. Port.*, p. 83.

H. Gigaxi, de Charpentier.

> 1853. *In Pfeiffer, Mon. Hel. vic.*, III, p. 132.

H. Valcourtiana, Bourguignat.

> 1875. *In Sched.* — 1880. *In Servain, Etude moll. Esp.*
> *Port.*, p. 80.

H. le Mesli, J. Mabille.

> 1881. *In Bull. Soc. phil.*, Paris.

H. acentromphala, Bourguignat.

> 1877. *In Sched.* — 1880. *In Servain, Etudes moll.. Esp.*
> *Port.*, p. 81.

H. rugosiuscula, Michaud.

> 1831. *Compl. Hist. moll.*, p. 14, pl. XV, f. 11-14.

H. jambernati, Bourguignat.

> 1878 et *in Locard*, 1882. *Prodr. malac. franc.*, p. 113.

H. acosmia, Bourguignat.

> 1878 et *in Locard*, 1882. *Prodr. malac. franc.*, p. 113.

H. Frayssiana, Bourguignat.

> 1880. *In Servain, Etude moll. Esp. Port.*, p. 91.

H. Terveri, Michaud.

> 1831. *Compl. Hist. moll.*, p. 26, pl. XIX, fig. 20-22.

H. Xera, Hagenmüller.

> 1881. *In Locard*, 1882. *Prod. malac. franc.*, p. 114.

H. limara, Bourguignat.

> 1878. *In Locard*, 1882. *Prodr. malac. franc.*, p. 114.

H. Xalonica, Servain.

> 1880. *Etude moll. Esp. Port.*, p. 102.

H. alluvionum, Servain.

> 1880. *Etude moll. Esp. Port.*, p. 102.

H. CYZICENSIS, Galland.

    1878. — Coutagne, 1881. *Notes faune malac. bass. du Rhône*, p. 12.

H. BLASI, Servain.

    1880. *Etude moll. Esp. Port.*, p. 106.

H. FŒDATA, Hagenmüller.

    1881. *In Locard*, 1882. *Prodr. malac. franc.*, p. 116.

H. VARIABILIS, Draparnaud.

    1801. *Tabl. moll.*, p. 73.

H. LAUTA, Lowe.

    1831. *Primit. faun. Mader.*, p. 52, pl. V, fig. 9.

H. LINEATA, Olivi.

    1799. *Zoologia Adriat.*, p. 77.

H. PISANA, Müller.

    1774. *Verm. terr. et fluv. hist.*, II, p. 60, n° 255.

H. EXPLANATA, Müller.

    1774. *Verm. terr. et fluv.*, II, p. 26.

H. CATOCYPHIA, Bourguignat.

    1860. *Mal. château d'If*, p. 13, pl. I, f. 1-3.

H. SCITULA, de Cristophori et Jan.

    1832. *Cat. rer. nat. Nantissima*, p. 2.

H. TROCHILUS, Poiret.

    1789. *Voy. Barb.*, II, p. 28.

H. TERRESTRIS, Pennant.

    1777. *Brit. moll.*, p. 127, pl. LXXX, fig. 108.

H. TROCHOIDES, Poiret.

    1780. *Voy. Barb.*, II, p. 29.

H. CONOIDEA, Draparnaud.

    1801. *Tabl. moll.*, p. 68.

H. **barbara**, Linné.

> 1758. *Systema naturæ*, éd. X, p. 773.

H. **acuta**, Müller.

> 1774. *Verm. terr. et fluv. hist.*, II, p. 100.

Genre Bulimus.

B. **detritus**, Müller.

> *Helix detrita*, Müller, 1774. *Verm. terr. et fluv. hist.*, II, p. 101, n° 30.
>
> *Bulimus detritus*, Dupuy, 1849. *Histoire moll.*, p. 315, pl. XV, fig. 2.

B. **obscurus**, Müller.

> *Helix obscura*, Müller, 1774. *Verm. terr. et fluv. hist.*, II, p. 103, n° 302.
>
> *B. obscurus*, Draparnaud, 1801. *Tabl. moll.*, p. 65.

Genre Chondrus.

C. **tridens**, Müller.

> *Helix tridens*, Müller, 1774. *Verm. terr. et fluv. hist.*, II, p. 106, n° 305.
>
> *Bulimus tridens*, Bruguière, 1792. *Encycl. meth.*, Vers., II, p. 350.

C. **quadridens**, Müller.

> *Helix quadridens*, Müller, 1774. *Verm. terr. et fluv. hist.* II, p. 107.
>
> *Bulimus quadridens*, Bruguière, 1792. *Encycl. meth.*, Vers., I, p. 351, n° 91.

Genre **Rumina**.

R. decollata, Linné.

> *Helix decollata*, Linné, 1758. *Syst. nat.*, éd. X, I, p. 773.
>
> *Bulimus decollatus*, Bruguière, 1789. *Encycl. meth.*, Vers., I, p. 326.

Genre **Azeca**.

A. Boissyi, Dupuy.

> *Zua Boissyi*, Dupuy, 1850. *Hist. moll.*, p. 332, pl. XV, fig. 9.
>
> *Azeca Boissyi*, Bourg., 1860. *Amén. malac.*, II, p. 187.

Genre **Ferussacia**.

F. subcylindrica, Linné.

> *Helix subcylindrica*, Linné, 1767. *Syst. nat.*, 12e édit., p. 1248.
>
> *Ferussacia subcylindrica*, Bourguignat, 1853. *Aménit. malac.*, I, p. 209.

F. folliculus, Gronovius.

> *Helix folliculus*, Gronov., 1781. *Zoophyt.*, III, p. 296, pl. XIX, f. 15-16.
>
> *Ferussacia folliculus*, Bourguignat, 1853. *Amén. malac.*, I, p. 197 (en note).

F. Vescoi, P. Pfeiffer.

> *Achatina Vescoi*, Pfeiff., 1840. *Mon. Hel. viv.*, t. IV, p. 621
>
> *Ferussacia Vescoi*, Bourguignat, 1860. *Mal. chât. d'If*, p. 105, pl. II, fig. 2.

Genre Cæcilianella.

C. ACICULA, Müller.

> *Buccinum acicula*, Müller, 1774. *Verm. terr. et fluv. hist.*,
> II, p. 150.
>
> *Cæcilianella acicula*, Bourguignat, 1854. *Amén. malac.*,
> I, p. 217, pl. XVIII, fig. 13.

C. AGLENA; Bourguignat.

> 1860. *Amén. malac.*, II, p. 31, pl. I, fig. 3-4.

Genre Clausilia

C. BIDENS, Linné.

> *Turbo bidens*, Linné, 1758. *Syst. nat.*, éd. X, p. 767.

C. VIRGATA, de Cristofori et Jan.

> 1832. *Catal.*, p. 5, n° 36 1/2.

C. SOLIDA, Draparnaud.

> 1805. *Hist. moll.*, p. 69, pl. IV, fig. 8-9.

C. ARCŒENSIS, Bourguignat.

> 1877. *Hist. Claus. France, in Ann. sc. nat.*, t. V, art. 4,
> p. 12.

C. LAMINATA, Montagu.

> *Turbo laminatus*, Montagu, 1803. *Test. Britan.* p. 359,
> pl. II, fig. 4.
>
> *Clausilia laminata*, Bourg., 1877. *Hist. Claus. France,
> in Ann. sc. nat.*, t. V, art. 4, p. 17.

C. PLICATULA, Draparnaud.

> 1805. *Hist. moll.*, p. 72, pl. IV, fig. 17-18.

C. ENNYCHIA, Bourguignat.

> 1877. *Hist. Claus. France, in Ann. sc. nat.*, t. VI, art. 2,
> p. 25.

C. ᴘʟᴇᴜʀᴀsᴛʜᴇɴᴀ, Bourguignat.

> 1877. *Hist. Claus. France, in Ann. sc. nat.*, t. VI , art. 2 ,
> p. 37.

C. ᴄʀᴇɴᴜʟᴀᴛᴀ , Risso.

> 1826. *Hist. nat. Eur. mérid.*, t. IV, p. 80.

C. ɪssᴇʟɪ , Villa.

> 1868. *In Bullet. malac. Ital.*, t. I, p. 37, pl. III , fig. 1-4.

C. ᴘᴀʀᴠᴜʟᴀ , Studer.

> 1789. *In Coxe, Trav. Switz.*, III, p. 431.

Genre Balia.

B. ᴘᴇʀᴠᴇʀsᴀ , Linné.

> *Turbo perversus* , Lin., 1758. *Syst. nat.*, édit. X, I, p. 767.
>
> *Balœa fragilis*, Dupuy, 1849. *Histoire moll.*, p. 269 ,
> pl. XVIII, fig. 5-6.
>
> *Balia perversa*, Bourguignat , 1857. *Amén. mal.*, p. 550 ,
> pl. XVII, fig. 1-3.

Genre Pupa.

P. ǫᴜɪɴǫᴜᴇᴅᴇɴᴛᴀᴛᴀ , Born.

> *Turbo quinquedentatus* , Born, 1778. *Mus. Vindobon. tes-
> tacea*, p. 370.
>
> *Pupa quinquedentata*, Deshayes , 1838. *In Lam., Anim.
> s. vert.*, VIII, p. 174.

P. ᴀᴍɪᴄᴛᴀ , Parreys.

> 1854. *In L. Pfeiffer , in Malak. Blatter*, p. 67.

P. ᴀᴠᴇɴᴀᴄᴇᴀ , Bruguière.

> *Bulimus avenaceus*, Bruguière , 1792. *Enc. meth., Vers.*,
> VI, II, p. 355.

Pupa avenacea, Moquin Tandon, 1843. *Moll. Toulouse*, p. 8.

P. FRUMENTUM, Draparnaud.

1801. *Tabl. moll.*, p. 50.

P. SECALE, Draparnaud.

1801. *Tabl. moll.*, p. 59.

P. MULTIDENTATA, Olivi.

Turbo multidentatus, Olivi, 1792. *Zoologia Adriatica*, p. 17, pl. V, fig. 2.

Pupa multidentata, Moq., 1855. *Hist. moll.*, II, p. 374, pl. XXVII, fig. 5-9.

P. GRANUM, Draparnaud.

1801. *Tabl. moll.*, p. 50.

P. MICHELI, Terver.

1850. *In* Dupuy. *Hist. moll.*, p. 397, pl. XIX, fig. 11.

Genre Orcula.

O. DOLIOLUM, Bruguière.

Bulimus doliolum, Bruguière, 1792. *Encyclop. méth.*, Vers., II, p. 351.

Orcula doliolum, C. Pfeiffer, 1865. *Malak. Blatter*, XII, p. 104.

Genre Pupilla.

P. UMBILICATA, Draparnaud.

1801. *Tabl. moll.*, p. 58.

P. MUSCORUM, Linné.

Turbo muscorum, Linné, 1758. *Syst. nat.*, éd. 10e, p. 767.

Pupa muscorum, Dupuy, 1850. *Hist. moll.*, p. 407, pl. XX, fig. 10.

Genre Vertigo.

V. ANTIVERTIGO, Draparnaud.

    1801. *Tabl. moll.*, p. 57.

Genre Carychium.

C. TRIDENTATUM, Risso.

    Saraphia tridentata, Risso, 1826. *Hist. nat. Eur. mérid.*,
    IV, p. 84.

    Carychium tridentatum, Bourguignat, 1857. *In Rev. et
    mag. zool.*

Genre Alexia.

A. MYOSOTIS, Draparnaud.

    Auricula myosotis, Drap., 1801. *Tabl. moll.*, p. 53.

    Alexia myosotis, Morch, 1852. *Cat. Yoldi*, p. 38, n° 785.

A. MICHELI, Mittre.

    Auricularia Micheli, Mit., 1841. *In Rev. zool.*, p. 66.

    Alexia Micheli, Bourguignat, 1864. *Malac. Alger.* II,
    p. 140, pl. VIII, fig. 34-39.

Genre Planorbis.

P. FONTANUS, Lightfoot.

    Helix fontana, Light., 1786. *In Phil. trans.*, XXVI, I,
    p. 165, pl. II, fig. 1.

    Planorbis fontanus, Dupuy, 1850. *Histoire moll.*, p. 447,
    pl. XXI, fig. 15.

P. COMPLANATUS, Linné.

    Helix complanata, Lin., *Syst. nat.*, 10ᵉ éd., I, p. 769.

Planorbis complanatus, Dupuy, 1850. *Hist. moll.*, p. 445,
pl. XXI, fig. 5.

P. SUBMARGINATUS, de Cristofori et Jan.

1832. *Cat.*, XX, n° 912.

P. VORTEX, Linné.

Helix vortex, Linné, 1758. *Sgst. nat.*, 10ᵉ éd., I, p. 772.
Planorbis vortex, Dupuy, 1850. *Histoire moll.*, p. 442,
pl. XXI, fig. 10.

P. ROTUNDATUS, Poiret.

1801. *Coq. de l'Aisne, Prodr.*, p. 93.

P. SPIRORBIS, Linné.

Helix spirorbis, Lin., *Syst. nat.*, 10ᵉ éd., I, p. 770.
Planorbis spirorbis, Dupuy, 1851. *Hist. moll.*, p. 438,
pl. XXI, fig. 9.

P. IMBRICATUS, Müller.

1774. *Verm. terr. et fluv. hist.*, II, p. 165.

P. ALBUS, Müller.

1774. *Verm. terr. et fluv. hist.*, II, p. 164.

P. CROSSEANUS, Bourguignat.

1862. *Malac. Quatre-Cantons*, p. 44, pl. I, fig. 21-23.

Genre Physa.

P. FONTINALIS, Linné.

Bulla fontinalis, Lin., 1758. *Syst. nat.*, éd. X, I, p. 127.
Physa fontinalis, Dupuy, 1850. *Histoire moll.*, p. 453,
pl. XXII, fig. 1.

P. ACUTA, Draparnaud.

1805. *Hist. moll.*, p. 55, pl. III, fig. 10-11.

P. HYPNORUM, Linné.

>*Bulla hypnorum*, Lin., 1758. *Syst. nat.*, éd. 10ᵉ, I, p. 727.
>
>*Physa hypnorum*, Dupuy, 1851. *Histoire moll.*, p. 457, pl. XXII, fig. 5.

Genre Limnæa

L. CANALIS, Villa.

>1851. *In Dupuy, Hist. moll.*, p. 482, pl. XXII, fig. 2.

L. LIMOSA, Linné.

>*Helix limosa*, Lin., 1758. *Syst. nat.*, éd. 10ᵉ, I, p. 774.
>
>*Limnæa limosa*, Moquin-Tandon, 1853. *Histoire moll.*, p. 465, pl. XXX, fig. 11-12.

L. PEREGRA, Müller.

>*Buccinum peregrum*, Müller, 1774. *Verm. terr. et fluv. hist.*, II, p. 130.
>
>*Limnæa peregra*, Dupuy, 1850. *Histoire moll.*, p. 472, pl. XXIII, fig. 6.

L. ALPESTRIS, de Charpentier.

L. FRIGIDA, de Charpentier.

>*In Locard*, 1881. *Etudes var. malac.*, I, p. 328.

L. PALUSTRIS, Müller.

>*Buccinum palustre*, Müller, 1774. *Verm. terr. et fluv. hist.*, II, p. 131.
>
>*Limnæa palustris*, Dupuy, 1851. *Histoire moll.*, p. 465, XXII, fig. 7.

L. TRUNCATULA, Müller.

>*Buccinum truncatulum*, Müller, 1774. *Verm. terr. et fluv. hist.*, III, p. 130.

Limnæa truncatula, Moquin-Tandon, 1855. *Hist. moll.*,
II, p. 473, pl. XXXIV, fig. 21-23.

L. CONTORTA, Bourguignat.

1878 et 1882, *in litt.*

L. LACUNOSA, Ziegler.

Bourg. *in litt.*, 1882.

L. TURGIDA, Hartmann.

Stagnicola vulgaris (v. turgida), Hartmann, 1844. *Gast.*,
p. 8 et 12.

Limnæa turgida, Locard, 1881. *Var. malac.*, I, p. 342.

Genre Ancylus.

A. SIMPLEX, Buc'hoz.

Lepas simplex, Buc'hoz, 1771. *Aldroc. Lotharingiæ*,
p. 236, nᵉ 1130.

Ancylus fluviatilis, Draparnaud, 1801. *Tabl. moll.*, p. 47
(pars).

A. CAPULOIDES, Jan.

1838. *In Porro, Malac. Prov. Comasca*, p. 87.

A. COSTULATUS, Küster.

1853. *In Martini et Chemnitz, Conch. cab., Ancylus*,
pl. I, fig. 15-17.

A. MOQUINIANUS, Bourguignat.

1853. *Cat. Ancyl., in Journ. Conch.*, IV, p. 197, pl. VI,
fig. 9.

Genre Cyclostoma.

C. LUTETIANUM, Bourguignat.

1869. *Cat. moll. diluv. Paris*, p. 11, pl. III, fig. 40-42.

C. sulcatum, Draparnaud.

>   1805. *Hist. moll.*, p. 33, pl. XIII, fig. 1.

Genre Pomatias.

P. striolatus, Philippi.

>   1844. *Enum. moll. Sicil.*, II, p. 119, pl. XXI, fig. 7.

P. patulus, Draparnaud.

>   *Cyclostoma patulum*, Drap., 1801. *Tabl. moll.*, p. 39 (excl. var. b.).

P. Macei, Bourguignat.

>   1869. *Descr. moll. Alpes-Marit.*, p. 16.

Genre Truncatella.

T. truncatula, Draparnaud.

>   *Cyclostoma truncatulum*, Drap., 1805. *Hist. moll.*, p. 40, pl. I, fig. 28-31.
>
>   *Truncatella truncatula*, Weinkauff, 1868. *Die Conch. mittlem.*, II, p. 317.

T. lœvigata, Risso.

>   1826. *Hist. nat. Europ. mérid.*, IV, p. 125, pl. IV, fig. 57.

Genre Bythinia.

B. tentaculata, Linné.

>   *Helix tentaculata*, Lin., 1758. *Syst. nat.*, éd. X*, I, p. 774.
>
>   *Bythiniä tentaculata*, Moquin-Tandon, 1855. *Hist. moll.*, II, p. 528, pl. XXXIX, fig. 23-44.

B. Sebethina, Blanc.

>   1881. *In Coutagne, Notes faune malac. bassin Rhône*, I, p. 24.

Genre Amnicola.

A. SIMILIS, Draparnaud.

> *Cyclostoma simile*, Drap., 1805. *Hist. moll.*, p. 34, pl. I,
> fig. 15.

> *Amnicola similis*, Bourguignat, 1864. *Malac. Alg.*, p. 328,
> pl. XIV, fig. 28-30.

A. COMPACTA, Paladilhe.

> 1869. *Nouv. miscel.*

A. ANATINA, Draparnaud.

> *Cyclostoma anatina*, Drap., 1805. *Hist. moll.*, p. 37, pl. I,
> fig. 24-25.

Genre Bythinella.

B. ASTIERI, Dupuy.

> *Hydrobia Astierii*, Dup. *Hist. moll.*, p. 556, pl. XXVII,
> fig. 12.

B. ANTEISENSIS, Bérenguier.

> *Nov. sp.*

B. BERENGUIERI, Bourguignat.

> *Nov. sp.*

B. CURTA, Paladilhe.

> 1874. *In Ann. sc. nat.*, I, art. 2, p. 31, pl. III, fig. 7-8.

Genre Belgrandia.

B. GIBBA, Draparnaud.

> *Cyclostoma gibbum*, Drap., 1805. *Hist. moll.*, p. 38,
> pl. XII, fig. 4-6.

> *Belgrandia gibba*, Paladilhe, 1869. *Nouv. misc. mal.*, p. 125.

B. MARGINATA, Michaud.

> *Paludina marginata*, Mich., 1831. *C. Hist. moll.*, p. 98,
> pl. XV, fig. 58-59.

> *Belgrandia marginata*, Paladilhe, 1870. *Et. mon. Palud.*,
> p. 66.

Genre Paludestrina.

P. MACEI, Paladilhe.

> 1869. *Nouv. misc. mal.*, p. 340 (en note).

P. RENEI, Bérenguier.

> *Nov. sp.*

P. LOCARDI, Bérenguier.

> *Nov. sp.*

P. ACUTA, Draparnaud.

> *Cyclostoma acutum*, Drap., 1805. *Hist. moll.*, p. 40, pl. I,
> fig. 23.

> *Paludestrina acuta*, Paladilhe, 1870. *Et. mon. Pal.*, p. 72.

P. ACICULINA, Bourguignat.

> 1876. *Spec. nov. moll.*, n° 40.

P. GRACILLIMA, Bourguignat.

> 1876. *Spec. nov. moll.*, n° 92.

P. SOLUTA, Bourguignat.

> 1876. *Spec. nov. moll.*, n° 95.

P. FAGOTIANA, Mabille.

> *Nov. sp.* 1878.

P. PANESCORSI, Bérenguier.

> *Nov. sp.*

P. AZAMI, Bérenguier.

> *Nov. sp.*

Genre Valvata.

V. ALPESTRIS, Blauner.

> 1853. *In Kuster apud Martini et Chemnitz, genre Palud.*
> *Hydrob. et Valc.*, 2ᵉ éd., p. 68, pl. XIV, fig. 7-8.

V. SPIRORBIS, Draparnaud.

> 1805. *Hist. moll.*, p. 40, pl. I, fig. 32-33.

V. MINUTA, Draparnaud.

> 1805. *Hist. moll.*, p. 42, pl. I, fig. 36-38.

Genre Theodoxia.

T. FLUVIATILIS, Linné.

> *Nerita fluviatilis*, Linné, 1758. *Syst. nat.*, éd. Xᵉ, I, p. 777.

T. THERMALIS, Boubée.

> *Nerita thermalis*, Boubée, 1863. *Bull. hist. nat.*, p. 12.

Genre Sphærium

S. CORNEUM, Linné.

> *Tellina cornea*, Linne, 1758. *Syst. nat.*, éd. Xᵉ, p. 678.
> *Cyclas cornea*, Dupuy, 1852. *Hist. moll.*, p. 666, pl. XXIX,
> fig. 4.

S. LACUSTRE, Müller.

> *Tellina lacustris*, Müller, 1774. *Verm. terr. et fluv. hist.*
> II, p. 204.
> *Cyclas caliculata*, Dupuy, 1852. *Hist. moll.*, p. 672,
> pl. XXIV, fig. 8.

Genre Pisidium.

P. PUSILLUM, Gmelin.

> *Tellina pusilla*, Gmel., 1788. *Syst. nat.*, éd. XIII°, p. 3231,
> n° 6.
>
> *Pisidium fontinale*, Dupuy, 1852. *Hist. moll.*, p. 691,
> pl. XXXI, fig. 3.

P. NITIDUM, Jenyns.

> 1833. *Monogr. Cycl. in Trans. Cambr.*, IV, p. 304, pl. XX,
> fig. 7-8.

P. CAZERTANUM, Poli.

> *Cardium Cazertanum*, Poli, 1791. *Test. utr. Siciliæ*, I,
> p. 65, pl. XVI, fig. 1.
>
> *Pisidium Cazertanum*, Moquin-Tandon, 1855. *Hist. moll.*,
> II, p. 584.

P. PULCHELLUM, Jenyns.

> 1833. *Mon. Cycl. in Trans. Cambr.*, p. 306, pl. XXI,
> fig. 1-5.

P. OLIVETORUM, Bérenguier.

> *Nov. sp.*

Genre Anodonta.

A. GALLICA, Bourguignat.

> 1881. *Mat. moll. acéph.*, p. 123.

A. OBLONGA, Millet.

> 1833. *In Mém. Soc. agr. Angers*, I, p. 242, pl. XII,
> fig. 1.

Genre Unio.

U. SAINT-SIMONIANUS, Fagot.

    1881. — *In Locard, 1882. Prodrome mal. franç.*, 287.

U. ORTHELLUS, Bérenguier.

    Nov. sp. : In Bourguignat, 1882. *Mat. moll. acéph.*

U. BERENGUIERI, Bourguignat.

    Nov. sp. : In Bourguignat, 1882. *Mat. moll. acéph.*

U. FOROJULIENSIS, Bérenguier.

    Non. sp. : In Bourguignat, 1882. *Mat. moll. acéph.*

Nous renvoyons, pour le classement par groupes, au travail de M. Locard, publié cette année (1), où la plupart de nos formes nouvelles sont citées ; nous nous sommes seulement contenté de donner ici les synonymes les plus indispensables et la liste des formes, d'après l'ordre qu'elles doivent conserver dans la méthode.

---

(1) *Prodrome de malacologie française*, 1882, Paris, J.-B. Baillière.

VII.

DIAGNOSES.

I. — **Helix suberina**, BÉRENGUIER (1).

Coquille globuleuse, avec un léger sentiment anguleux sur le dernier tour, subconoïde en dessus et convexe en dessous. Fente ombilicale un tant soit peu recouverte par l'expansion du bord columellaire.

Test mince, transparent, finement strié avec quelques traces de petits poils épidermiques en forme d'écailles paraissant très caducs. Epiderme d'une teinte fauve-rougeâtre un peu plus foncée vers le bord péristomal.

Spire convexe, subconoïde, à sommet gros et obtus.

Cinq tours à cinq tours et demi, peu convexes, à croissance lente, et séparés par une suture assez accentuée.

Dernier tour subarrondi, un tant soit peu subanguleux à sa partie médiane, devenant bien rond vers l'ouverture, et offrant en outre une légère contraction vers le pourtour du péristome.

Bord supérieur très descendant à l'insertion du bord externe.

(1 Les chiffres romains placés devant chaque forme renvoient aux planches photographiques.

Ouverture très oblique, peu échancrée et presque semi-sphérique dans une direction oblique d'avant en arrière et de gauche à droite.

Peristome mince, aigu, assez fortement coloré, très faiblement épaissi à l'intérieur, non réfléchi, seulement très légèrement patulescent à la base.

Bord columellaire médiocre, un peu dilaté à sa partie supérieure.

Cette petite hélice (haut. 7, diam. 8 mill.) qui appartient à un groupe, qui n'a pas encore été constaté en France, celui des Moquiniana (1) d'Algérie, vit sous les feuilles de chênes-liège, tombées dans les tas de pierres, dans toute la zone forestière de la région mauresque ; mais elle y est très rare.

II. — **Bythinella Anteisensis**, Bérenguier.

Petite espèce (haut. 2 1/2, diam. 2 mill.) de forme écourtée, très grosse pour sa longueur, caractérisée par une spire de trois tours, terminée par un sommet plan, comme tronqué.

Chez cette *bythinelle* le tour embryonnaire est excessivement petit, le second prend subitement en largeur (et non en hauteur) un grand développement ; développement qui augmente alors en hauteur au troisième et dernier tour, de telle sorte que la coquille paraît pour ainsi dire composée de trois gros tours ventrus, dont les deux derniers semblent constituer toute la coquille. Chacun de ces derniers, en effet, a séparément 1 mill. de hauteur, tandis que le troisième n'a à peine qu'un 1/2 mill. et le supérieur (ou

(1) Raymond, *in journ. conch.* IV, 1853, p. 80, pl. 3, fig 2.

embryonnaire) n'en accuse aucun puisqu'il se développe sur le plan du sommet.

Coquille ressemblant à une petite boule, un tant soit peu oblongue, très ventrue, pourvue d'une petite fente ombilicale.

Test relativement épais, crétacé, opaque, excorié et laissant voir, là où l'excoriation fait défaut, un épiderme d'un noir verdâtre foncé, à peine strié.

Spire écourtée, à sommet plan très obtus.

Quatre tours convexes, ventrus, séparés par une suture accentuée, le long de laquelle on remarque, notamment sur le dernier, comme un filet subanguleux.

Dernier tour arrondi, lentement descendant à sa partie supérieure.

Ouverture peu oblique, exactement pyriforme.

Péristome continu et un tant soit peu détaché, simple, aigu, légèrement encrassé à l'intérieur, bord externe bien arqué en avant.

Cette *bythinelle* habite sur les pierres et les plantes aquatiques de la Foux de Draguignan.

III. — **Paludestrina Renei**, Bérenguier.

Cette *paludestrine* à laquelle nous attribuons le prénom de M. Réné Bourguignat, pour le remercier de l'obligeance qu'il nous a témoignée dans l'examen de quelques-unes de nos formes, a été recueillie par nous dans les eaux de la Foux de Draguignan.

M. Locard dans son prodrome de la faune malacologique de France a placé, avec raison, cette espèce ainsi que la suivante, dans le groupe des *Paludestrina Mabillei* et autres, si répandues dans les mares ou les relais saumâtres du nord de la France. Parmi les formes de cette série à laquelle M. Bourguignat a donné le nom d'*Eupaludestrina*, celles qui nous paraissent les plus voisines comme ensemble de forme des deux que nous allons faire connaître sont les *Mabillei, Lhospitali, Acutalis, Peringiformis*, etc., des mares de la Somme et des Côtes-du-Nord.

Coquille allongée, acuminée en forme de cône, bien que la base ne soit que médiocrement ventrue. — Fente ombilicale presque nulle.

Test relativement fort et épais, recouvert d'un enduit noir-verdâtre très persistant et, lorsqu'il fait défaut, laissant voir une paroi d'un ton corné foncé très finement striolé. Spire allongée-acuminée, à sommet exigu et pointu (souvent excorié).

Six tours, à croissance régulière, peu convexes ou plutôt méplans et séparés par une suture profonde.

Dernier tour égalant presque le tiers de la hauteur, présentant à son origine un sentiment subanguleux qui s'efface vers l'ouverture où il devient convexe.

Ouverture presque verticale, pyriforme et un tant soit peu plus arrondie du côté columellaire que du côté externe.

Péristome d'une nuance très pâle, tranchant, continu, non réfléchi, pourtant légèrement patulescent à l'endroit du bord columellaire.

Bord externe faiblement arqué en avant.

Cette *paludestrine* mesure 5 mill. de hauteur sur 2 de diamètre.

IV. — **Paludestrina Locardi**, Bérenguier.

Cette nouvelle forme que nous dédions à l'auteur du Prodrome de la malacologie française vit également dans les eaux saumâtres de la Foux de Draguignan.

Petite coquille (haut. 4 1/2, diam. 2 mill.) allongée, moins acuminée que la *Renei*, à fente ombilicale également nulle.

Test assez fort et épais, recouvert également par un enduit noir-verdâtre.

Spire un peu moins longue, très peu effilée, à tours supérieurs plus gros et terminée par un sommet obtus et non exigu ni pointu, comme celui de la forme précédente.

Cinq tours seulement à croissance régulière (les supérieurs néanmoins prennent plus rapidement une plus grosse taille que ceux de la *Renei*), bien convexes (non méplans), et offrant le long de la suture, qui est fort profonde, comme un sentiment de subangulosité carénante.

Dernier tour arrondi (non subanguleux à son origine, comme celui de la *Renei*), égalant le tiers de la hauteur. Ouverture presque droite, ovalaire et non pyriforme.

Péristome continu, mince, droit, un tant soit peu patulescent au bord columellaire.

Bord externe arqué en avant.

V. — **Paludestrina Panescorsi**, Bérenguier.

Petite coquille (haut. 3 1/4, diam. 1 1/2 mill.) d'une forme allongée-acuminée (à sommet néanmoins un peu obtus).

Test toujours recouvert d'un enduit verdâtre, paraissant (lorsque cet enduit est enlevé) subtransparent, d'une teinte cornée et très finement striolé.

Six tours fort peu convexes (sauf pourtant l'avant dernier), à croissance lente et régulière, séparés par une suture peu profonde jusqu'à l'ouverture, où elle devient très prononcée.

Dernier tour convexe égalant le tiers de la hauteur, offrant à l'insertion du bord externe supérieur une descente brusque et si accentuée que la partie supéro-aperturale se trouve sensiblement en contre-bas de la ligne suturale.

Ouverture verticale, exactement pyriforme, dans une direction un tant soit peu portée à gauche à la base du bord columellaire.

Péristome continu, légèrement détaché, mince avec un sentiment de patulescence dans tout son contour, sauf du côté columellaire où il se montre notablement épaissi et un peu réfléchi.

Cette *Paludestrine* dédiée à M. Ferdinand Panescorse, l'auteur d'un prodrome d'histoire naturelle de notre département, paraît peu commune dans les étangs de Villepey.

VI. — **Paludestrina Azami**, Bérenguier.

Coquille encore plus petite (haut. 2 1/2, diam. 1 mill.) que la précédente, caractérisée par une forme oblongue-subfusiforme, assez ventrue, remarquable par son dernier tour relativement très exigu, presque arrondi à l'ouverture et paraissant comme contracté.

Test légèrement recouvert d'un enduit verdâtre très tenace. Sommet obtus.

Cinq tours peu convexes à croissance rapide, séparés par une suture presque superficielle, sauf vers l'ouverture où elle devient profonde. Dernier tour très petit égalant le quart de la hauteur, presque rond, non descendant à l'insertion du bord externe mais au contraire bien rectiligne.

Ouverture verticale, subarrondie, avec une partie subanguleuse supérieurement.

Péristome continu subobtus un tant soit peu épaissi, non patulescent, sauf du côté columellaire où il est même légèrement dilaté.

Cette *Paludestrine,* que nous dédions à M. Charles Azam pour le remercier de son précieux concours dans nos recherches, vit avec la précédente dans les étangs de Villepey où elle est rare.

VII. — **Pisidium olivetorum**, Bérenguier.

Cette petite Pisidie (long. 3, haut. 2, ép. 1 1/2 mill.) est une forme voisine du *Fossarianum* de Clessin (in *Westerlund fauna mall. succ.,* p. 544, 1873) dont elle diffère par sa taille plus petite, par sa forme un peu plus exactement ovalaire, par ses sommets moins proéminents, très obtus et arrondis.

Ces sommets moins saillants donnent à notre Pisidie une épaisseur presque de moitié moins forte que celle qui caractérise le *Fossarianum.*

Les valves chez notre *P. olivetorum* sont d'un corné clair, avec des stries concentriques d'une extrême finesse.

Les dents cardinales et latérales de forme conoïde sont presque nulles et à peine perceptibles au microscope.

Cette Pisidie est assez répandue dans notre département, surtout dans la zone des vallées d'alluvions de la région Mauresque.

VIII. — **Unio Forojuliensis** (1), Bérenguier.

. On ne peut mieux caractériser en quelques mots cette forme qu'en disant que c'est une Mulette ressemblant à un grand *Ater* avec une charnière de *Bataous*.

Cette Unio en effet, d'une couleur sombre, relativement haute pour sa longueur, médiocrement ventrue et d'une forme ovalaire-allongée, imite beaucoup par l'ensemble de son galbe externe certains *Ater* du nord de l'Europe.

Mais si la *Forojuliensis* se rapproche de cette forme par ses contours elle s'en écarte nettement par sa cardinale triangulaire, remarquablement mince et comprimée.

On sait que chez l'*Ater* et les formes voisines de cette Mulette la cardinale, épaisse, trapue, presque carrée, ressemble à un gros tubercule, analogue à celle qui caractérise les formes du groupe du *Rhomboideus* (ancien *Littoralis*).

	MILL.
Long. max...	93
Haut. max...	43 1/2
Épaiss. max. (à 20 des sommets, 55 du rostre, 39 du bord antér., 30 1/2 de l'angle post.-dorsal et 29 de la base de la perpendiculaire)...................	29
Long. de la crête, des sommets à l'angle post.-dorsal.	42
Dist. de cet angle au rostre........................	36
Corde apico-rostrale................................	73
Haut. de la perpendiculaire	42 1/2

(1) Par erreur typographique on a imprimé dans le *Prodrome de malacologie française* : *Forojuliensis* pour *Forojuliensis*, p. 293, 361, 447.

Dist. de la perpend. au bord antérieur.............. 26

— du même point de la perpend. au rostre....... 67

— enfin de la base de la perpend. à l'angle postéro-
dorsal.. 55

Coquille ovalaire-allongée, à valves très épaisses, un tant soit peu entrebaillées en avant et en arrière.

Bord supérieur très faiblement arqué, plutôt subrecto-descendant des sommets à l'angle qui est nettement saillant, puis, à partir de l'angle, descendant en suivant un contour d'abord un tant soit peu concave ensuite faiblement convexe vers l'approche du rostre.

Région antérieure arrondie, offrant à son commencement supérieur, vers les sommets, une légère dépression subrectiligne.

Bord inférieur très faiblement arqué avec une légère sinuosité à peine sensible vers ses deux tiers postérieurs.

Région postérieure allongée dans une direction horizontale, un tant soit peu descendante, deux fois et demi plus longue que l'antérieure, augmentant en hauteur jusqu'à 9 mill. en arrière de la perpendiculaire, puis, à partir de ce point, allant en s'atténuant en un rostre obtus et inférieur.

Sommets (excoriés) médiocres, obtus, convexes et peu proéminents. Crochets émoussés. Arête dorsale confondue dans la convexité.

Stries d'accroissement fortes, assez saillantes, grossières vers les contours, épiderme d'un noir foncé uniforme, avec quelques zones concentriques d'un marron obscur. Nacre intérieure très épaisse, bien irisée, d'une teinte saumonée s'éclaircissant vers la région palléale.

Ligaments : *Antéro-interne* lamelleux, robuste, très épais, se poursuivant jusqu'à 21 mill. en arrière des crochets ; *postérieur* fort allongé (long. 38 mill.), peu proéminent, d'une teinte noire et offrant à son extrémité postérieure une lunule allongée.

Charnière nulle à sa partie sous-ombonale où elle est absorbée par le ligament antéro-interne, mais bien développée au contraire : 1° à la région cardinale où l'on remarque une haute dent triangulaire comprimée ; et 2° à la région latérale, où l'on observe une lamelle fortement saillante.

Cette forme qui est très rare a été découverte par nous entre le pont de l'Assassin et la route de Bagnols près Fréjus.

IX. — **Unio orthellus**, BÉRENGUIER.

Cette Mulette, du groupe de l'*Elongatulus,* remarquable par son bord inférieur bien rectiligne, par son contour supérieur arqué, surtout très convexe-descendant à partir de l'angle postéro-dorsal jusqu'au rostre, qui est tout à fait inférieur, est caractérisée par des dents cardinales excessivement réduites.

	MILL.
Long. max.	62
Haut. max.	28
Epaiss. max. (à 13 des sommets, 39 du rostre, 25 du bord antérieur et 19 aussi bien de l'angle postéro-dorsal que de la base de sa perpendiculaire)	18
Long. de la crête des sommets à l'angle postéro-dorsal.	27
Dist. de cet angle au rostre	30
Corde apico-rostrale	51
Haut. de la perpendiculaire	27

Dist. de la perpend. au bord antérieur............ 16 1/2

— du même point de la perpend. au rostre........ 45 1/2

— enfin de la base de la perpend. à l'angle postéro-

dorsal................... 36

Bord supérieur faiblement arqué jusqu'à l'angle postéro-dorsal, puis, à partir de cet angle, descendant en dos d'âne jusqu'au rostre.

Région antérieure arrondie.

Bord inférieur rectiligne, tout en étant légèrement descendant.

Région postérieure allongée, près de trois fois plus longue que l'antérieure, augmentant insensiblement jusqu'à 27 mill. en arrière de la perpendiculaire, puis s'atténuant, surtout supérieurement, pour se terminer en un rostre subtroncatulé et tout à fait inférieur.

Sommets (non excoriés) peu proéminents, élégamment ornés de sillons ondulés venant se terminer sur la ligne de l'arête dorsale, à l'instar de ceux que l'on remarque chez les espèces du groupe du *Vescoi*. Arête dorsale accentuée seulement sur la région ombonale. Crête comprimée vers l'angle postéro-dorsal.

Stries d'accroissement assez saillantes et irrégulières, feuilletées vers les contours et sur la région supéro-postérieure. Epiderme d'un cendré quelque peu olivâtre, avec quelques zones plus foncées, et s'éclaircissant sur les sommets.

Nacre intérieure d'un blanc irisé.

Ligaments : *Antéro-interne* lamelleux, assez puissant, se poursuivant très loin en arrière des crochets ; *postérieur* marron peu saillant, terminé par une longue lunule.

Charnière médiocre, à région cardinale pourvue sur la valve

dextre : 1° d'une petite dent conique, comprimée, et 2° d'une autre encore plus petite, moins élevée, située en arrière le long du ligament antéro-interne ; — et, sur la valve sénestre, d'une très petite denticulation lamelliforme à peine saillante, sur laquelle on remarque vers son milieu une faible dépression destinée à recevoir la cardinale dextre. — Région latérale ornée d'une longue lamelle peu élevée. Cette forme qui vit avec l'*Unio Berenguieri* habite principalement le canal des moulins de Roquebrune et tous les cours d'eau dépendant de l'Argens, mais seulement dans la zone des vallées d'alluvions de la région mauresque.

M. Bourguignat a eu l'obligeance de nous adresser les descriptions des deux espèces suivantes qu'il a bien voulu nous dédier.

X. — **Bythinella Berenguieri**, BOURGUIGNAT.

Espèce de forme allongée, tout en restant obtuse et obèse, remarquable par sa spire allant en s'atténuant insensiblement, pour se terminer par un sommet convexo-conoïde. Chez cette espèce qui possède 5 tours, les 3 inférieurs sont relativement énormes en comparaison des 2 supérieurs fort petits, notamment l'embryonnaire qui forme pointe sur le sommet.

Coquille ventrue-oblongue pourvue d'une fente ombilicale assez ouverte.

Test encrassé d'un limon ocracé-verdâtre, laissant apercevoir dans les endroits où l'encrassement fait défaut une paroi transparente, cornée et finement striolée.

Spire s'atténuant insensiblement jusqu'à l'avant dernier tour snpérieur et offrant alors une convexité un tant soit peu conoïde, grâce au tour embryonnaire qui fait pointe en dessus.

Cinq tours (le supérieur exigu, le second médiocre, enfin les trois autres très développés en hauteur et en largeur) presque méplans et séparés par une suture très profonde formant canal, à tel point que la partie supérieure des tours paraît anguleuse le long de la rainure suturale.

Dernier tour subarrondi. Ouverture peu oblique pyriforme. Péristome continu, non détaché, simple, aigu et non bordé intérieurement. Bord externe peu arqué, simplement convexe. (Haut. 4, diam. 2 mill.)

Cette Bythinelle qui vit dans la grande source de la Foux de Draguignan se distingue facilement de la *Byth. Anteisensis :* par sa taille presque le double plus forte, par sa forme allongée, par sa suture canaliculée, par son bord externe moins arqué en avant ; mais surtout par ses tours et son mode spécial qui sont tout différents. Chez la *Berenguieri*, il y a cinq tours, dont les trois inférieurs, non convexes mais légèrement méplans, sont fort développés, et les deux supérieurs très exigus forment le cône terminal. Chez l'*Anteisensis*, le sommet au contraire est plan et la coquille globuleuse et écourtée n'est presque entièrement composée que par les deux tours inférieurs.

XI. — **Unio Berenguieri**, Bourguignat.

In Locard, Prodr. p. 202 et 361, 1882.

Cette espèce très allongée dans une direction légèrement descendante, fort peu haute pour sa longueur, est relativement peu bombée. Les valves d'une teinte marron foncée, fortement entre-

baillées en avant, sont très épaisses dans toute la région antérieure. Les dents cardinales, notamment, sont remarquables en
ce sens qu'elles se trouvent réduites sur l'une et l'autre valves à
un tout petit tubercule coniforme peu saillant. Celui de la valve
sénestre qui est presque nul est parfois allongé.

	MILL.
Long. max...	75
Haut. max.................	32
Epaiss. max. (à 17 des sommets, 46 du rostre, 31 du bord antérieur, 25 de l'angle postéro-dorsal et 20 de la base de la perpendiculaire).......	21
Long. de la crête, des sommets à l'angle postéro-dorsal.	35
Dist. de cet angle au rostre.....	30
Corde apico-rostrale..	60
Haut. de la perpendiculaire.....	31
Dist de la perpend. au bord antérieur.............	20 1/2
— du même point de la perpend. au rostre.	55
— enfin, de la base de la perpend. à l'angle postéro-dorsal......	41

Bord supérieur régulièrement arqué dans toute l'étendue de
son parcours.

Région antérieure arrondie très réduite.

Bord inférieur rectiligne descendant.

Région postérieure très allongée, d'une apparence un peu
spatuliforme, très comprimée à son extrémité rostrale, près de
trois fois et demi plus longue que l'antérieure (1), allant en aug-

(1) Je connais un échantillon chez lequel la longueur de la région postérieure dépasse
quatre fois celle de la région antérieure (Bourguignat.)

mentant insensiblement jusqu'au niveau de l'angle postéro-dorsal, c'est-à-dire à 35 mill. en arrière de la perpendiculaire, puis à partir de ce point, allant en s'atténuant sous la forme d'un large rostre arrondi plus ou moins subtroncatulé, tantôt médian, tantôt presque inférieur.

Sommets jamais excoriés, peu saillants, très élégamment sillonnés de rides tremblotées, arête dorsale prononcée seulement vers la région ombonale, puis s'aplatissant et devenant non perceptible.

Crête légèrement comprimée vers l'extrémité du ligament.

Stries d'accroissement peu saillantes, plus ou moins régulières, très feuilletées vers les contours, notamment sur toute la région postérieure, entre la crête et l'emplacement de l'arête, région presque toujours recouverte par un encrassement terreux.

Epiderme d'un marron subolivâtre plus ou moins foncé suivant les échantillons, avec quelques zones concentriques d'une nuance plus accentuée. Région ombonale d'une teinte plus claire. Nacre intérieure d'un blanc irisé, tirant parfois sur un ton saumoné.

Ligaments : *Antéro-interne* lamelleux, mince, délicat, se poursuivant très loin en arrière des crochets, *postérieur* marron, saillant, médiocrement allongé, et terminé par une longue lunule étranglée.

Charnière très-mince, à région cardinale offrant, sur la valve dextre, une toute petite dent conique peu élevée, et sur la sénestre une autre très petite denticulation à peine saillante, tantôt conique, tantôt allongée, crénelée et parfois sublamelliforme presque effacée. Région latérale pourvue d'une belle lamelle saillante et comprimée.

Cette espèce découverte par M. Paul Bérenguier, dans le canal des moulins de Roquebrune (Var), appartient au groupe de l'*unio Spinelli* d'Italie.

(BOURGUIGNAT.)

Arrêtons-nous ici pour cette année. Nous avons cherché à mettre un peu d'ordre dans le chaos de notre faune. Notre but serait rempli, si ce travail pouvait être de quelque utilité pour la science malacologique et pour les nombreuses recherches qui restent encore à faire dans notre département.

A mesure que nous rencontrerons quelques formes nouvelles, ou non signalées, ou quelques rectifications à ajouter à ce travail, nous nous ferons un devoir de recourir à la bienveillance de la *Société d'études scientifiques et archéologiques de Draguignan*, à qui nous devons l'impression de cette modeste étude.

Quant aux Limaciens, nous ne tarderons pas à en donner le relevé dans notre *Malaco-Stratigraphie du Var ;* ce sera le complément nécessaire de ce travail.

Château du Clos-Osvald, 11 décembre 1882.

Notre intention étant d'accompagner ces pages des photographies des formes nouvelles dont nous avons donné les diagnoses, nous prions ceux qui désireraient les recevoir de s'inscrire chez l'auteur, à Nimes (Gard), 14, rue Monjardin.

TABLE.

Chap. IV.

Chap. V.

Chap. VI.

Chap. VII.